La citation de Laurent Greilsamer reproduite en p. 38-39 est extraite du livre : INTERPOL, POLICIERS SANS FRONTIÈRES de Laurent Greilsamer © Librairie Arthème Fayard, 1997.

HARPERCOLLINS FRANCE
83-85, boulevard Vincent-Auriol, 75646 PARIS CEDEX 13
Tél. : 01 42 16 63 63

www.harpercollins.fr

ISBN 979-1-0339-1484-6

MATHIEU MARTINIÈRE
et ROBERT SCHMIDT

Interpol : l'enquête

HarperCollins

« We're building something here, detective.
We're building it from scratch.
All the pieces matter. »

« Nous construisons quelque chose, ici, inspecteur.
Nous le construisons à partir de rien.
Toutes les pièces sont importantes. »

Inspecteur Lester Freamon, The Wire

Avant-propos

Quiconque a vu *Red Notice* sur Netflix peut oublier tout ce qu'il en a compris sur Interpol. Dans ce film américain diffusé en 2021, une agente d'Interpol, à la tête de policiers d'élite, traque inlassablement des voleurs d'œuvres d'art placés sur « notice rouge », de Bali jusqu'au Caire, en passant par l'Argentine et la Sardaigne. Les scènes d'action invraisemblables et spectaculaires, associées aux reparties plus ou moins bien senties de Ryan Reynolds et de Dwayne Johnson, alias « The Rock », en ont fait le film de Netflix le plus visionné à sa sortie dans le monde.

Depuis des décennies, Interpol nourrit l'imagination fertile des scénaristes et romanciers. Tous racontent la même histoire. Celle d'un ou d'une superflic internationale qui franchit les frontières à sa guise et lance la traque des plus grands criminels de la planète. Ce récit a permis à Interpol de créer sa légende. Mais cette fable en a aussi fait l'une des institutions internationales les moins bien comprises par le grand public.

Dès le départ, nous avons cherché à dépasser ce mythe en questionnant le fonctionnement réel de l'organisation mondiale de police. Ses missions, ses succès, ses échecs, son histoire, son financement, ses notices, ses dérives. Installée à Lyon, Interpol reste une institution, au-delà de la fiction, curieusement peu médiatisée et mal documentée. Ce que nous avons découvert, au fil des années, a dépassé tout ce que nous aurions pu imaginer. Un simple dossier dans un journal local s'est transformé en une enquête à tiroirs de dix ans, à multiples rebondissements.

Nous n'avons pas voulu réaliser une enquête « à charge », mais un travail journalistique d'intérêt général, sérieux et rigoureux. En une décennie, nous nous sommes rendus dans 15 pays, sur plusieurs continents. Nous nous sommes entretenus avec plus de

200 interlocuteurs, dont 30 « agents » d'Interpol, actuels ou anciens. Nous avons compilé des centaines de documents. Notre travail, publié depuis 2013 par la presse française, allemande, suisse et autrichienne, a également fait l'objet d'un documentaire diffusé sur Arte en 2018. Nous avons poursuivi notre enquête pour ce livre, le premier ouvrage journalistique sur Interpol depuis trente ans, qui comporte de nombreuses révélations.

Nous tenons à rappeler ici à quel point Interpol, la seule organisation internationale de coopération policière, est une institution essentielle. Ses fameuses notices rouges ont aidé à l'arrestation de criminels parmi les plus dangereux de la planète. Celle de Kidane Zekarias Habtemariam, un important trafiquant d'êtres humains érythréen arrêté au Soudan en 2023 ; de Rocco Morabito, un boss de la 'Ndrangheta surnommé le « roi de la cocaïne », arrêté au Brésil en 2021 ; de Radovan Karadzic et Ratko Mladic, criminels de guerre et artisans du génocide de Srebrenica en Bosnie, arrêtés en Serbie en 2008 et 2011. La liste est longue.

Nous pouvons citer un autre exemple récent du travail d'utilité publique de l'organisation policière, qui fête cette année son centenaire. En mai 2023, Interpol a lancé un appel mondial en vue d'identifier 22 femmes victimes de meurtre. Cette opération, intitulée « Identify Me », concernerait des assassinats commis entre 1976 et 2019 en Allemagne, en Belgique et aux Pays-Bas. Des notices noires, la couleur choisie par Interpol pour les cadavres non identifiés, sont rendues pour la première fois publiques. On peut y lire des détails comme la couleur des cheveux, des yeux, de la peau, la taille, l'âge estimé, des éventuels tatouages ou cicatrices. Ces affaires non élucidées, nous explique Interpol, ont été choisies du fait de leur caractère international : ces femmes ne sont probablement pas originaires des pays où elles ont été retrouvées mortes. Des *cold cases* et des corps sans nom, sinon celui de leur dossier : « la femme au tatouage de fleur », « la fille du parking », « le corps dans la tourbière », « la femme aux ongles artificiels ». Une semaine seulement après le début de l'opération, largement médiatisée, les polices allemande, hollandaise et belge annonçaient avoir reçu plus de 200 informations sur ces affaires.

Mais ces opérations et ces outils salutaires n'exonèrent pas Interpol de critiques. Des affaires policières de nature criminelle et internationale, des suspects enregistrés dans d'immenses bases de données, nécessitent une vigilance de tous les instants et des contre-pouvoirs importants. À l'intérieur comme à l'extérieur de l'organisation.

Pendant des années, nous nous sommes heurtés à un mur d'opacité. Soucieuse de son image, Interpol ne supportait pas que l'on dérègle une mécanique de communication bien huilée. Que l'on pointe des zones d'ombre, des contradictions éthiques, des conflits d'intérêts, des problèmes de ressources, des partenaires sulfureux et des outils peu contrôlés. Que l'on révèle ce qui devait rester caché.

« Vous faites partie de ceux qui connaissent bien l'organisation », nous a finalement concédé le secrétaire général d'Interpol, Jürgen Stock, au printemps 2023. « Nous méritons d'être critiqués », a-t-il ajouté.

Nous en avons pris bonne note.

Partie I

Derrière le mythe
(2012-2018)

1

Une forteresse de verre

« *La politique maison consiste à tout verrouiller.* »

Ayerdhal

Lyon (France), novembre 2011

Nous nous rencontrons pour la première fois dans l'un des bars du Ninkasi, une chaîne lyonnaise connue pour ses bières artisanales et ses concerts. Nous avons vingt-quatre et vingt-cinq ans et sommes journalistes indépendants depuis quelques mois. L'un français, l'autre allemand, nous sympathisons très vite. Au-delà du journalisme, nous nous découvrons une autre obsession commune : l'extrême droite.

Pendant des mois, nous suivons ensemble l'actualité de tout ce que Lyon compte de nationalistes, d'identitaires et de néofascistes. Alexandre Gabriac, un élu régional exclu du Front national pour salut nazi ; Rebeyne[1], les identitaires du Vieux Lyon et leur soupe au cochon pour sans-abris non musulmans et non juifs ; les néonazis autour du stade de Gerland de l'Olympique lyonnais ; le réveil des gudards à l'université Lyon-III ; sans oublier les jeunes

1. Dans le patois lyonnais, « rebeyne » signifie « émeute ».

frontistes, parrainés par le vieux professeur Bruno Gollnisch, éternel numéro deux du FN. Triste constat : Lyon, terre de Jean Moulin et ancienne capitale de la Résistance, est devenu un fief de l'extrême droite française. Lors d'un jour de manif de jeunes nationalistes près de la gare de Perrache, cette obsession nous coûtera un appareil-photo, brisé, et des sueurs froides.

En février 2012, nous publions notre première enquête commune dans un journal local, *Lyon Capitale*. Suivront d'autres publications dans divers médias français et étrangers : *Rue89*, *Slate*, l'hebdomadaire allemand *Die Zeit* ou encore le quotidien suisse *La Tribune de Genève*. Révéler ce qui est caché, soulever le voile, aller au-dela des apparences. Nous commencons a nous familiariser avec les bases du journalisme d'enquête.

L'extrême droite n'est pas notre unique terrain d'investigation. Dans les mois qui suivent, nous allons écrire en binôme une série de papiers sur des sujets sociétaux et internationaux, à destination de médias français, suisse et allemand. L'occasion pour nous de publier nos articles dans des pays et des langues différentes, mais aussi de multiplier les piges et nos sources de revenus, encore fragiles.

Les graines de We Report, un collectif européen de journalistes indépendants, tourné vers l'investigation et le reportage, que nous créerons deux ans plus tard avec d'autres collègues, sont semées.

Le prochain sujet sur notre liste va cocher toutes les cases de ce journalisme collaboratif que nous souhaitons pratiquer : international, ambitieux et au long cours.

Un sujet qui tient en huit lettres : Interpol.

Lorsque nous démarrons nos investigations, à l'initiative de Robert, fin 2012, nous ne savons rien, ou presque, de cette institution basée à Lyon. Nous n'avons ni sources ni point de départ.

Les articles de fond manquent. Mais cette organisation policière mystérieuse nous fait fantasmer. Comme beaucoup de gens, nous avons en tête des blockbusters américains qui dépeignent l'agent d'Interpol comme un superflic international, que ce soit sous les traits d'Ethan Hawke dans *Lord of War* (2005), d'Angelina Jolie dans *The Tourist* (2010) ou même de Steven Seagal dans *Rendez-vous en enfer* (2010).

Dans le film *L'Enquête – The International* (2009), l'excellent Clive Owen interprète un agent d'Interpol qui parcourt le monde arme à la main, en lutte contre une multinationale de la finance spécialisée dans le blanchiment d'argent. Il traque des tueurs dans les rues de Milan, court sur les toits du vieil Istanbul, et évite les balles dans une scène d'action hallucinante au cœur du musée Guggenheim de New York. Séducteur, mal rasé, téméraire, charismatique, c'est un brillant analyste criminel, maîtrisant à la fois l'informatique et les arts martiaux. En bref, un James Bond geek et moderne, le côté vieille Angleterre en moins.

La série française *Interpol*, diffusée sur TF1 entre 2010 et 2012, a entretenu ce mythe de l'« agent d'Interpol » pendant deux longues saisons. Interventions aux quatre coins du monde, courses-poursuites et cascades musclées, arrestations en hélicoptère, le tout sur fond de musique électro : la seule bande-annonce de la série donne à voir tous les clichés du superflic international. L'actrice Corinne Touzet y incarne une agente moderne en tailleur chic. Cet archétype de justicière femme fatale se retrouve également dans la bande dessinée *Agence Interpol* (2012-2013), une série en trois volumes qui ne fait pas vraiment dans la dentelle. Dans le premier tome, l'agente Clare Burnell, belle rousse en talons, joue du Beretta à tout-va contre des gangs de *narcos* à Mexico, aidée d'un *privado* « aux méthodes aussi efficaces que peu recommandables ».

La littérature ne nous éclaire pas davantage sur le fonctionnement de l'organisation mondiale de police. Aux rayons essais, documents ou même romans, on trouve peu de publications sur Interpol depuis les années 1990, que ce soit en français, en anglais ou en allemand, en dehors de quelques travaux de recherche. Pour certains, l'agence policière évoque surtout les livres de Pierre Bellemare, *Les Dossiers d'Interpol*, des récits de faits divers parus à la fin des années 1970. Le dernier ouvrage journalistique sur l'organisation, de Laurent Greilsamer, date de 1997. Une éternité.

Chaque année pourtant, des milliers de Lyonnais et de touristes passent devant le siège d'Interpol, situé au cœur du quartier de la Cité internationale. Le bâtiment est une impressionnante structure de verre et de granit, se dressant entre le parc de la Tête-d'Or et le Rhône telle une forteresse moderne. L'édifice fascine et l'agence policière jouit d'une très bonne image. Mais savons-nous réellement ce qui se joue derrière ces vitres teintées ?

Depuis un peu plus d'un an, nous partageons des bureaux situés au pied des pentes de la colline de la Croix-Rousse, au sein d'un immeuble typiquement lyonnais. Une traboule, un passage à travers la bâtisse, nous amène d'un côté sur les quais du Rhône, de l'autre devant le restaurant étoilé de La Mère Brazier, l'un des plus fameux de la ville. Nos locaux se situent au deuxième étage, dans un espace de *coworking* nommé « l'Atelier des médias ». L'endroit est un grand lieu de travail partagé, associatif, où s'échinent une cinquantaine de journalistes, développeurs, traducteurs, graphistes et photographes. Le siège mondial d'Interpol est à moins de deux kilomètres, sur la rive opposée du Rhône.

Quelques jours avant la sortie de nos premiers articles sur l'institution, nous décidons de tester nos voisins de bureau avec une question très simple : « Sans regarder sur Wikipédia, ils servent à quoi, Interpol ? » Certaines réponses tombent à côté, d'autres nous font sourire.

Charlotte, graphiste :

« Ce sont des chasseurs de méchants bandits internationaux. »

Laurent, concepteur de jeux vidéo :

« Ils font aussi du renseignement. »

Ghislaine, illustratrice :

« Je pensais que le siège mondial d'Interpol était en Angleterre. »

Vincent, développeur informatique :

« C'est aussi un groupe de musique que j'ai vu à Rock en Seine il y a deux ans. »

Après plusieurs mois d'enquête, ces retours ne nous étonnent qu'à moitié. Une bonne partie de nos collègues, mais aussi du grand public, n'ont qu'une idée vague, voire erronée, des véritables missions de l'agence policière. Une recherche rapide sur le site Internet d'Interpol permet pourtant de chasser quelques-unes de ces idées reçues. On peut notamment y lire que l'organisation policière ne fait pas de renseignement et n'emploie pas d'agents secrets. Elle est aussi très peu opérationnelle et n'a pas de compétences supranationales. L'agence n'aurait donc jamais été la « superpolice » mondiale souvent mise en scène dans les fictions.

Interpol est avant tout un canal de communication qui met à disposition des polices de ses États membres d'immenses bases de données criminelles. En 2023, ses 1 100 employés, de 120 nationalités différentes, sont des fonctionnaires internationaux et, pour un quart des effectifs, des policiers envoyés par leurs pays d'origine. Ils effectuent essentiellement un travail de bureau. Les « agents d'Interpol » n'ont ni armes ni menottes à la ceinture, mais un poste de travail, avec un ordinateur, des dossiers, des stylos et des post-it.

Avant d'être une agence policière, Interpol est d'abord une organisation internationale, avec toute la lourdeur bureaucratique

que cela suppose. Elle dispose d'une assemblée générale, composée des délégués des 195 États membres. Ils se réunissent une fois par an, dans un pays différent, pour voter toutes les décisions en matière de politique générale et de budget. L'agence possède également un comité exécutif constitué de 13 hauts policiers de nationalités différentes, élus par l'assemblée générale. Ce comité se rassemble trois fois par an, veille à l'application des décisions votées par l'assemblée et supervise le travail du secrétariat général. Le président du comité exécutif est aussi celui d'Interpol. Bénévole, il ne dispose toutefois que d'un pouvoir limité, essentiellement de représentation, même si celui-ci est capital sur le plan diplomatique. De 2012 à 2016, la présidente d'Interpol était la Française Mireille Ballestrazzi. Son vrai métier la rendait très peu disponible : elle était la directrice centrale de la police judiciaire.

Le vaisseau amiral de l'agence est son secrétariat général, dirigé par l'Américain Ronald Noble de 2000 à 2014, puis par l'Allemand Jürgen Stock depuis 2014. C'est lui le véritable patron d'Interpol. Basé à Lyon, le secrétariat général dispose également de six bureaux régionaux dans le monde (en Argentine, au Salvador, au Cameroun, en Côte d'Ivoire, au Zimbabwe et au Kenya), d'un centre à Singapour dédié à la cybercriminalité, la recherche et le développement, de représentants à l'ONU à New York, auprès de l'Union européenne à Bruxelles, et de l'Union africaine à Addis-Abeba (Éthiopie). Il possède aussi des bureaux de liaison au sein de l'agence européenne de police criminelle Europol, à La Haye, et de l'Office des Nations unies contre la drogue et le crime, à Vienne. Ses trois centres de commandement et de coordination (CCC), les « poumons » d'Interpol basés à Lyon, Buenos Aires et Singapour, lui permettent de répondre aux polices sept jours sur sept et vingt-quatre heures sur vingt-quatre, dans les quatre langues officielles de l'organisation : l'anglais, le français, l'arabe et l'espagnol. Enfin, le secrétariat général s'appuie sur les bureaux centraux nationaux (BCN), les relais d'Interpol dans chaque État membre. En France, le BCN est situé à l'intérieur de la Direction centrale de la police judiciaire (DCPJ) à Nanterre, au sein de la division des relations internationales.

D'autres fédérations policières existent dans le monde, comme Europol, l'agence de l'Union européenne créée en 1999, Afripol ou encore Ameripol, mais elles ne sont que régionales. Interpol est la seule organisation de coopération policière couvrant tous les continents.

Ses agents sont habilités à travailler sur tout crime transnational. Trafic d'êtres humains, d'armes à feu ou de stupéfiants, terrorisme, pédocriminalité, crimes de guerre, contrebande de médicaments ou de cigarettes, cybercriminalité, atteintes à l'environnement, dopage, blanchiment d'argent… La liste est longue. Mais le travail d'Interpol relève surtout du partage de données et d'informations, en plus d'être un support technique pour les polices des États membres.

Le vrai levier d'action de l'agence policière reste les « notices », émises à la demande des États. Elles sont de différentes couleurs. Rouges pour les individus recherchés. Jaunes pour les personnes disparues. Bleues pour des renseignements complémentaires en lien avec une enquête judiciaire. Noires pour les cadavres à identifier. Vertes pour des mises en garde et des renseignements. Orange pour une menace imminente. Mauves pour le mode opératoire. Les plus célèbres, les notices rouges, propulsent régulièrement Interpol sur le devant de la scène médiatique. Ces avis de recherche internationaux ont permis aux polices du monde entier de traquer les plus grands criminels de la planète, de Josef Mengele à Radovan Karadzic, jusqu'au braqueur français Redoine Faïd. En 2023, la fiche de l'ex-patron de Renault-Nissan, Carlos

Ghosn, évadé spectaculairement du Japon en décembre 2019, est l'une des notices rouges les plus célèbres en circulation.

Fin 2012, lorsque nous nous lançons dans cette enquête, Interpol reste une énigme pour le grand public. Satisfaits de l'image positive de l'institution, ses dirigeants ne cherchent pas à lever le voile en ouvrant leurs portes aux médias. Rares sont les journalistes ou les auteurs ayant eu la chance de franchir les portes opaques de l'agence policière.

Dans *Transparences* (2004) et sa suite *Résurgences* (2010), le romancier français Ayerdhal met en scène Stephen Bellanger, un agent canadien d'Interpol, analyste et psychologue, embarqué dans la traque internationale d'Ann X, une tueuse en série. Souhaitant effectuer des recherches préliminaires pour nourrir ses personnages, Ayerdhal sollicita Interpol, mais reçut une fin de non-recevoir. « Interpol est avare en communications la concernant. La politique maison consiste à tout verrouiller », nous confia le romancier en avril 2013, deux ans avant son décès. « Pour me documenter, j'avais envoyé le synopsis de *Transparences* au responsable de com', ainsi qu'une demande de rendez-vous avec un "responsable" et la possibilité de visiter le siège. Les deux m'ont été refusées et l'on m'a clairement signifié qu'Interpol préférait que je raconte n'importe quoi plutôt que de trouver ne serait-ce qu'une miette d'authenticité dans mon bouquin », regrettait l'écrivain français.

Dans les premiers mois de l'année 2013, nous contactons à notre tour l'organisation de police criminelle. Encore inexpérimentés, trop pressés, nous procédons à rebours d'une enquête classique. D'ordinaire, les journalistes sont censés s'adresser à la personne ou à l'institution sur laquelle ils travaillent à la fin de leur enquête. Cela s'appelle la phase du « contradictoire » et cela permet d'être plus crédible face à ses interlocuteurs, plus solide et plus précis dans ses questions. Ne pas se précipiter permet aussi de travailler plus sereinement, sans que personne nous mette de bâtons dans les roues.

Nous faisons alors tout ce qu'il ne faut pas faire. Naïfs, nous demandons trop tôt des interviews avec des responsables d'Interpol, ainsi qu'une possibilité de reportage au siège de Lyon. Au téléphone, nous expliquons à une attachée de presse notre démarche en toute transparence. Nous évoquons, déjà, la possibilité d'écrire un livre, près de vingt ans après l'ouvrage de Laurent Greilsamer. La réponse de l'agence policière, en anglais, arrive dans nos boîtes mail le 30 avril. Elle est cinglante.

Mme B., 30 avril 2013, 19 :08
à Robert Schmidt, Mathieu Martinière
Confidentiality Level : INTERPOL For official use only

Cher Monsieur Schmidt,

Je vous remercie pour votre mail.

Comme je l'ai expliqué à vous-même et à M. Martinière, nous recevons chaque mois des dizaines de demandes d'informations sur INTERPOL.

Nos ressources sont limitées et, compte tenu de la lourde charge de travail de nos agents, il n'est tout simplement pas possible d'ouvrir nos portes à tous les journalistes qui souhaitent faire un reportage sur INTERPOL.

Nous ne mettons certainement pas de fonctionnaires à disposition pour simplement «discuter» d'INTERPOL parce qu'un journaliste ne souhaite pas attirer notre attention sur une question particulière ou spécifique (...)

Comme je l'ai suggéré à vous-même et à M. Martinière, je vous conseille une fois de plus de prendre le temps de rédiger des questions précises auxquelles vous souhaitez obtenir des réponses, et nous trouverons le meilleur moyen de vous apporter des réponses à ces questions.

En outre, de nombreuses informations sur le rôle et les activités d'INTERPOL sont disponibles sur notre site Web, www.interpol.int, ce qui pourrait répondre à bon nombre de vos questions.

Meilleures salutations,

Mme B.
Cheffe du service de presse
INTERPOL

Cette réponse sèche et peu coopérative va nourrir, décupler notre curiosité. Maladroits mais bons élèves, nous allons suivre les conseils de l'agence policière à la lettre, et porter notre attention sur plusieurs questions « particulières ou spécifiques ».

Et puisque les cadres actuels d'Interpol refusent de s'exposer, nous allons solliciter ceux qui l'ont quittée.

Nous ne le savons pas encore, mais nous sommes partis pour dix ans d'enquête.

2

Raymond Kendall

« Il y a un mythe Interpol, ce qui peut nous servir. Moi, je ne détruis jamais les mythes. »

RAYMOND KENDALL

Villefranche-sur-Saône (France), juin 2013

Paisiblement installé dans un sofa, l'Anglais patiente dans le lobby d'un grand hôtel de Villefranche-sur-Saône, la capitale du Beaujolais, en lisant les pages saumon du *Figaro*. Quand nous lui serrons la main pour la première fois, en ce début d'été, nous avons du mal à imaginer que cet homme âgé de soixante-dix-neuf ans, grand, décontracté, en polo de golfeur et pantalon en tissu, est l'ancien secrétaire général d'Interpol.

Nous l'avons contacté quelques jours plus tôt, par téléphone. La facilité avec laquelle nous avons trouvé son numéro était déconcertante. Raymond Kendall, l'ex-patron de l'organisation internationale de police criminelle, qui avait réalisé une partie de sa carrière dans les renseignements à Scotland Yard, était dans l'annuaire.

Avec son flegme et son accent britannique, l'homme pourrait facilement sortir d'un des romans d'espionnage de John le Carré. De fait, Raymond Kendall, francophile et toujours installé dans le Beaujolais, est resté pendant trois ans une source discrète sur Interpol. Dans cet hôtel de luxe moderne, à 40 kilomètres au nord de Lyon, l'ancien patron d'Interpol nous permet de comprendre les rouages de l'organisation. Sa condition : rester dans l'ombre.

« Pour l'instant, je n'existe pas. Si vous me citez, ne le faites qu'avec des choses déjà existantes, des articles déjà publiés. Pour l'instant, vous ne m'avez pas interviewé. Ça viendra. Il y aura un moment où légitimement vous le direz publiquement, puisque celui qui était là avant peut avoir des idées, on peut lui poser des questions », explique l'ancien agent britannique. Raymond Kendall nous accordera finalement un entretien officiel devant la caméra d'Arte trois ans plus tard, en juin 2016, dans le château de l'un de ses amis, au cœur du Beaujolais. Dès l'introduction du documentaire, il nous confie avec un sourire espiègle : « Il y a un mythe Interpol, ce qui peut nous servir. Moi, je ne détruis jamais les mythes. »

Né en 1933 à Canterbury, dans le sud-est de l'Angleterre, Raymond Kendall fait ses armes dans la police coloniale britannique en Afrique de l'Est. Avant de rentrer au pays, et de rejoindre la Metropolitan Police de Londres, en 1962. Il passe plusieurs années dans le renseignement au sein de la *Special Branch*, un service prestigieux, aujourd'hui disparu, chargé notamment du contre-terrorisme. Puis il rejoint Interpol en 1971, où il devient directeur adjoint, chargé de la lutte contre les stupéfiants. Quatorze ans plus tard, en 1985, il prend les rênes de l'organisation. Raymond Kendall sera réélu secrétaire général deux fois, jusqu'en 2000, et imprimera sa marque, entre paternalisme et modernité.

Sous sa direction, un bond technologique va s'opérer, même si le matériel deviendra désuet à l'entrée des années 2000. Kendall informatise une organisation internationale qui possède alors des archives papier. Par les lignes téléphoniques ou satellites, les polices des pays membres peuvent désormais communiquer en temps réel.

Dans les années 1980 et 1990, l'organisation acquiert une véritable légitimité internationale, qui contribue à façonner le mythe de l'agent d'Interpol. La chute du mur de Berlin favorise son expansion. Les anciens satellites de l'Union soviétique rejoignent l'agence policière. En 1997, Interpol comptabilise 177 États, presque autant que l'ONU. Elle est devenue la deuxième organisation internationale en nombre de pays membres.

Raymond Kendall a joué un rôle clé dans la venue d'Interpol à Lyon. Au début des années 1980, l'agence policière est encore basée à Saint-Cloud, dans la banlieue parisienne. Mais les bureaux sont exigus et anciens. Ils sont aussi peu sécurisés. En 1976, une charge de plastic explose au siège de Saint-Cloud. L'attentat est revendiqué par « des déportés espagnols », opposants au régime franquiste. Le 16 mai 1986, nouvelle attaque. Deux bombes explosent à Interpol. L'agression, portée par le groupe terroriste d'extrême gauche Action directe, provoque d'importants dégâts matériels. Un policier est blessé. Depuis plusieurs mois déjà, l'agence cherchait à construire un nouveau siège, plus moderne, et surtout plus sécurisé.

Un appel d'offres a été lancé en France. Lyon est candidate mais n'est pas favorite. Trop froide, trop provinciale, pas assez reliée à l'international. En 1984, l'avocat André Soulier, premier adjoint de la Ville de Lyon, accueille la direction d'Interpol menée par Raymond Kendall. C'est le jeudi de l'Ascension et le temps est superbe. La délégation lyonnaise en profite pour vanter, exagérer, célébrer les charmes de l'ancienne capitale des Gaules. « Dieu a été lyonnais ce jour-là ! » nous confie, un brin amusé, André Soulier trente ans plus tard. « Il a fallu emballer le match. Je n'étais pas un escroc, j'étais un vendeur », justifie le ténor du barreau lyonnais.

La municipalité lyonnaise met le paquet. Elle propose d'offrir le terrain, un site superbe en bordure du parc de la Tête-d'Or, avec un bail emphytéotique de quatre-vingt-dix-neuf ans. Des arguments qui portent. Puis, une fois la visite achevée, André Soulier emmène les agents d'Interpol manger dans un authentique bouchon lyonnais. « Vous n'allez pas repartir le ventre vide ! » s'est exclamé l'adjoint. « On y est allé à coups de côte-rôtie. C'était limite si on ne chantait pas à la fin du repas ! » en rit encore André Soulier. Raymond Kendall nous confirmera avec un sourire cette anecdote culinaire, même s'il nuancera sa portée. Les invités repartent néanmoins charmés, l'affaire est – presque – bouclée.

Cinq ans plus tard, le 27 novembre 1989, le président François Mitterrand inaugure à Lyon, sur les bords du Rhône, un immense édifice de verre cerclé de caméras de sécurité. L'intérieur du nouveau siège est tout aussi impressionnant. Le grand logo bleu d'Interpol orne le sol d'un patio lumineux, aérien, d'où se déploient des ascenseurs panoramiques qui permettent d'accéder aux bureaux et salles de travail. Engagé dans une lutte contre les stupéfiants, François Mitterrand déclare ce jour-là, le ton guerrier : « Le péril ne connaît pas de frontières ».

Notre première rencontre avec Raymond Kendall, durant l'été 2013, va durer près de trois heures. Fascinés, nous l'écoutons longuement, comme deux élèves face à leur professeur. Avec trois mandats à la tête d'Interpol, couvrant les dernières années de la guerre froide jusqu'à l'aube des attentats du 11-Septembre, l'Anglais était un livre d'histoire criminelle à lui seul. Nous passons en revue tous les sujets. Le fonctionnement de l'organisation policière, l'arrivée d'Interpol à Lyon, la compromission puis la « traque » des nazis, de Klaus Barbie à Josef Mengele.

Interpol, organisation centenaire née en Autriche en 1923, possède une histoire riche, prestigieuse, mais aussi sa part d'ombre, oubliée des récits officiels.

3

Le déni

« Tout ce qui égratigne le mythe est repoussé.
Cela traverse toute l'histoire d'Interpol. »

JENS JÄGER

Monaco, avril 1914

Nous sommes à la veille de la Première Guerre mondiale. À l'invitation du prince Albert 1er de Monaco, des hommes politiques, des juristes et des policiers de 24 pays participent au premier congrès de police judiciaire internationale. Des personnalités issues des grandes puissances, comme l'Angleterre, les États-Unis, la France, la Russie et l'Allemagne, ont fait le déplacement. Des nations du Sud sont représentées aussi, comme la Perse, le Mexique ou encore Cuba.

Parmi les délégations, la France est venue en nombre, avec un ministre d'État, des magistrats et des hauts policiers. Léon Mouquin, directeur général honoraire de la préfecture de police de Paris, alerte ses collègues dès les travaux préparatoires du congrès.

Mais que de formalités ! Que de temps perdu ! Permettant souvent à l'individu recherché de disparaître ; puis aussi que d'indiscrétions recueillies par la presse locale ! Alors qu'un malfaiteur peut se croire à l'abri des poursuites, bien caché, à l'étranger, sous une fausse identité, il lira, un matin dans les journaux, qu'on est sur ses traces et qu'un dossier le concernant a été envoyé à la justice du pays, où il est venu chercher un asile. Aussitôt, il peut prendre le premier train et franchir une frontière. Il ne reste plus, quand sa fuite a été constatée, qu'à recommencer recherches et procédures.

« Rapport sur les questions de police », présenté par M. Léon Mouquin, directeur général honoraire de la préfecture de police de Paris, Premier congrès de police judiciaire internationale,

Monaco, avril 1914

Les policiers n'ont pas attendu l'invitation du prince de Monaco pour découvrir l'ampleur de la criminalité internationale. Dans la deuxième moitié du XIXe siècle, la révolution industrielle et la démultiplication des transports, du chemin de fer au bateau à vapeur, ont ouvert les frontières du crime.

De premières tentatives de coopération policière ont déjà eu lieu sur le continent sud-américain mais aussi en Europe. Entre 1851 et 1866, une union policière des États allemands, constituée de sept membres dont la Prusse et l'Autriche, voit le jour pour réprimer une opposition politique composée de démocrates, de socialistes et d'anarchistes. En 1898, une conférence internationale se tient à Rome pour combattre les mouvements anarchistes en Europe. Elle regroupe 21 pays. Suit une deuxième conférence en 1904, à Saint-Pétersbourg. Dix nations signent alors un « protocole secret pour la guerre internationale contre l'anarchisme ». Pour autant, ces rapprochements en Europe restent politiques, bien loin des futurs objectifs de neutralité d'Interpol.

En 1914, les hauts fonctionnaires réunis à Monaco ne veulent plus perdre de temps. Les criminels ne doivent plus pouvoir franchir les frontières à leur guise. Pendant une semaine, les débats sont constructifs même s'ils restent plus portés sur le droit international que sur les crimes, et que la faible présence policière se fait largement ressentir. Sur le rocher, on parle franchise postale ou télégraphique, établissement de fichiers internationaux et même procédure standardisée d'extradition. Le français est choisi comme langue internationale de communication entre les polices. « Cependant, le congrès n'a pas réussi à instituer une organisation policière internationale, principalement parce que la réunion n'a pas été organisée par des fonctionnaires de police mais par des politiciens et des juristes », écrit le sociologue Mathieu Deflem, professeur à l'université de Caroline du Sud, dans un article sur l'histoire de la coopération policière internationale.

Quelques semaines après le congrès de Monaco, un événement va briser les rêves de superpolice internationale. Le 28 juin 1914, un certain archiduc est assassiné à Sarajevo. La Première Guerre mondiale éclate.

Vienne (Autriche), septembre 1923

Les graines plantées à Monaco ne vont porter leurs fruits que près de dix ans plus tard. Le 7 septembre 1923, une vingtaine d'États, dont la France, l'Allemagne, les États-Unis ou encore le Japon, se réunissent à Vienne, sous l'égide de l'Autriche. Ensemble, ils créent la Commission internationale de police criminelle (CIPC). C'est la véritable naissance d'Interpol. Monaco, congrès très politique, en avait émis l'idée. Vienne, authentique réunion de chefs de police, l'a mise en pratique.

En 1923, le préfet Johannes Schober, directeur de la police autrichienne, devient le premier président de la CIPC. Comme un clin d'œil aux congrès politisés du passé, il déclare : « Il importe que la prospérité, le travail paisible et l'économie nationale de chaque pays soient sauvegardés contre les agissements des malfaiteurs de droit commun. Cela ne peut être obtenu que si le bras chargé de la poursuite du criminel trouve, au-delà de la frontière, une main prête à l'aider, travaillant en accord avec lui. Ce but que nous poursuivons est dénué de toutes visées politiques. C'est un effort de civilisation pure, car nous nous dressons seulement contre l'ennemi commun de la société humaine tout entière, le criminel de droit commun ».

L'historien allemand Jens Jäger est un fin connaisseur de l'histoire d'Interpol. Dans le cadre d'un post-doctorat sur les origines de la coopération policière internationale, il a étudié de près les premières années de l'organisation. Ce professeur d'histoire contemporaine de l'université de Cologne rappelle l'influence de Vienne : plus de la moitié des participants du premier congrès de 1923 étaient autrichiens. À l'époque, un certain Rudolf Brix, directeur de la police d'Innsbruck, propose l'introduction d'un « mandat d'arrêt volant ». Un autre Autrichien, Franz Brandl, un ancien chef du renseignement intérieur qui deviendra en 1932 président de la CIPC, présente l'idée d'une communication par télégramme codé.

À Vienne, ces nouveaux « superflics » se mettent vite au travail. Un répertoire des criminels internationaux est créé. On commence à classer des archives dactyloscopiques, les empreintes digitales. Des unités spécialisées sont créées dans le domaine des stupéfiants, de la fausse monnaie et des passeports frauduleux. En 1928, la CIPC instaure une cotisation annuelle et les premiers bureaux centraux nationaux (BCN) voient le jour, à Vienne, Berlin, Sofia, Amsterdam, Madrid, Bruxelles, Bucarest et Londres. Un réseau radio international est même mis en place en 1935. Toutefois, d'après l'historien Jens Jäger, les premières années de son existence, l'organisation reste essentiellement constituée « d'extensions de la police de Vienne » et n'est « rien d'autre qu'une association privée de fonctionnaires et d'experts ».

La CIPC continue pour autant d'engranger les adhésions. Quand, à la faveur de l'*Anschluss*, l'Allemagne annexe l'Autriche en 1938, la Commission internationale de police criminelle compte 38 États membres. La même année, le FBI américain de J. Edgar Hoover rejoint la CIPC. Mais un problème, de taille, se pose désormais : l'organisation et ses fichiers sont entièrement aux mains des nazis. Le *Reichsführer* SS Himmler, grand chef des polices allemandes, décide de nommer un SS autrichien, Otto Steinhäusl, chef de la police de Vienne et nouveau président de l'agence mondiale de police.

Mais pas pour longtemps. En août 1940, Reinhard Heydrich, le sinistre général SS et adjoint d'Heinrich Himmler, devient le président de l'organisation policière. Glaçant : le futur planificateur de la *Shoah* est le nouveau patron d'Interpol. En 1941, le siège de la CIPC déménage à Berlin.

À la mort d'Heydrich en 1942, Arthur Nebe, directeur de la *Kripo*, la police criminelle allemande, prend la présidence de la CIPC jusqu'en mai 1943. Il y est remplacé jusqu'à la fin de la guerre par Ernst Kaltenbrunner, chef de l'Office central de sécurité du *Reich*. De hauts dignitaires nazis tristement célèbres. Nebe sera assassiné par les Allemands en mars 1945 pour avoir comploté contre Hitler, avant d'être jugé pour ses crimes. Kaltenbrunner sera exécuté par pendaison en octobre 1946, après avoir été condamné par le tribunal de Nuremberg pour crimes de guerre et crimes contre l'humanité.

Que devient l'agence policière pendant la Seconde Guerre mondiale ? Continue-t-elle à fonctionner ? A-t-elle servi aux desseins funestes du régime nazi ? Une amnésie tenace et un profond déni semblent s'être emparés d'Interpol sur ces questions.

En 1973 à Vienne, à l'occasion du cinquantième anniversaire de l'organisation, William Higgit, commissaire de la gendarmerie royale canadienne et président d'Interpol, déclare : « Pour arriver à ce résultat, bien des hommes à travers le monde ont dépensé beaucoup d'énergie et manifesté beaucoup de compréhension, que ce soit chacun dans son pays ou pour assumer des fonctions internationales. En plus des fondateurs, dont j'ai parlé plus haut, et sans qu'il me soit possible de les nommer tous, je voudrais rappeler ici le nom de M. F. E. Louwage de Belgique, qui a pris l'initiative de reconstituer en 1946 l'organisation démantelée par la guerre ». Le succédant à la tribune, le ministre autrichien de l'Intérieur, Otto Roesch, va dans le même sens : « Après l'interruption de toute activité pendant la Seconde Guerre mondiale, l'organisation, désormais connue sous le nom d'Interpol, est devenue, peu après la fin des hostilités, un instrument puissant au service de tous les pays du monde dans leur lutte contre la délinquance ».

D'après eux, l'organisation internationale aurait été « démantelée » pendant la guerre, et aurait interrompu « toute activité ». Cinquante ans après cette assemblée générale de Vienne, Interpol continue son storytelling. Alors que l'institution fête son centenaire à Vienne, Interpol affirme encore, jusqu'au printemps 2023, sur son site Internet dans l'onglet « Notre histoire » : « En 1938, les Nazis prennent la direction de la Commission internationale de police criminelle (CIPC) après avoir destitué le Président Michael Skubl de ses fonctions. La plupart des pays mettent fin à leur participation et la CIPC cesse d'exister en tant qu'organisation internationale ». Les noms des présidents nazis de la CIPC entre 1938 et 1945, Steinhäusl, Heydrich, Nebe, Kaltenbrunner, sont tout simplement absents du récit officiel. Rayés de l'Histoire.

Cette présentation historique de l'organisation policière est « une occultation habile et une omission des faits », commente le chercheur Jens Jäger, que nous sollicitons début 2023. « Du point de vue d'un historien, le site web d'Interpol n'est rien d'autre que du blanchiment », nous explique-t-il. Pour ses recherches, l'expert a consulté des archives en Allemagne, en Autriche, aux Pays-Bas ainsi qu'en France. Son bilan : « Les preuves sont là ». Il serait donc « ridicule » de taire par exemple les noms des présidents de la CIPC des années 1938-1945, des hauts fonctionnaires du *Reich*, car aujourd'hui « tout le monde peut connaître ces faits en consultant simplement la page Wikipédia d'Interpol ». Jäger a lui-même rédigé en février 2022, pour les colonnes de l'hebdomadaire allemand *Der Spiegel*, un article détaillant « comment le redoutable nazi Reinhard Heydrich est devenu président d'Interpol ». Pour l'historien, Interpol aurait, pour des raisons de cohésion interne, « repoussé tout ce qui égratigne le mythe. Cela traverse toute l'histoire de l'organisation ».

Le passé nazi d'Interpol a pourtant été défriché dès les années 1970 et 1980. À l'époque, l'Église de scientologie mène une croisade contre l'organisation policière. Les membres de la secte, s'estimant constamment surveillés par Interpol, décident de riposter. Ils alertent l'opinion publique et secouent l'institution en divulguant faits authentiques, contre-vérités et rumeurs.

En 1973, les scientologues lancent un premier pavé dans la mare. À la mort de Paul Dickopf, président d'Interpol de 1968 à 1972, la secte a révélé le passé trouble du policier allemand, oublié des livres d'histoire. Formé à la *Führerschule Sipo*, l'école des cadres des policiers nazis, Dickopf avait rejoint pendant la guerre les rangs des SS puis l'*Abwehr*, les services secrets militaires, où il obtiendra un poste de directeur pour la région de Stuttgart. La biographie officielle raconte ensuite l'histoire d'un retournement en 1942 : cette année-là, Dickopf aurait rompu avec le nazisme. Une assertion mise en doute par l'Église de scientologie.

Le passé du président d'Interpol sera étudié bien plus tard, dans les années 2000 et 2010, par des chercheurs allemands, dont certains mandatés par le BKA, l'office fédéral de police criminelle allemande dont Paul Dickopf a été le président de 1965 à 1971. Dans ces travaux, il est exposé que Dickopf et sa cordée d'anciens membres du parti nazi – parmi lesquels d'anciens SS – auraient secrètement dominé le BKA dès la création du bureau, en 1951, et ce pour les vingt années suivantes. Selon Dieter Schenk, ancien haut policier au BKA, Dickopf a fait de l'office un « refuge pour les anciens nazis et les criminels ». Les concepts du national-socialisme en matière de lutte contre la criminalité ont été perpétués par Dickopf et ses collaborateurs au sein du BKA, ce qui sera particulièrement visible dans le traitement des Roms. Une rue Paul-Dickopf, dans la ville de Meckenheim en Rhénanie-du-Nord-Westphalie, a même été débaptisée en 2012 à la suite des révélations de son entrisme nazi au BKA. L'hypothèse selon laquelle Dickopf aurait rompu avec le nazisme et avec ses anciens collègues du parti semble donc peu crédible.

Au-delà du cas de l'agent Dickopf, le journaliste Laurent Greilsamer, auteur de deux livres d'enquête sur l'organisation policière – *Interpol, le siège du soupçon* (1986) et *Interpol, policiers sans frontières* (1997) -, s'est intéressé au passé nazi de l'agence pendant la guerre. Sa méthode : interroger les archives, même si un bon nombre d'entre elles ont disparu après 1945. Documents à l'appui, ce journaliste du *Monde* écrit que l'organisation policière, sous administration nazie, a continué de fonctionner pendant la guerre, même à sous-régime. Il précise aussi que les mêmes hommes ont continué à travailler pour la CIPC, avant, pendant et après le conflit mondial.

En mars 1938, quand l'Allemagne nazie annexe l'Autriche, Oskar Dressler est le secrétaire général de l'organisation policière, fonction qu'il occupe depuis 1932. L'Autrichien n'est pas un farouche détracteur du parti nazi, bien au contraire.

En fait, dès 1938, l'idéologie policière d'Interpol a épousé l'idéologie national-socialiste, sans la moindre distance. Oskar Dressler fait part de ses vues en la matière aux lecteurs de la revue Internationale Kriminalpolizei. La loi, selon lui, doit être fondée « sur des critères biologiques et moraux ». Il précise que « le bureau central de Berlin qui s'occupe de l'hygiène est déjà en train de fonctionner » et que chaque criminel « va être ausculté de façon biologique ». Il évoque la stérilisation possible de présumés délinquants et criminels en fonction de leur « race »... Cette idéologie et ces remarques à propos de la criminalité ne feront que se développer avec les années.

En août 1940, Heydrich ne s'empare pas d'une organisation rétive, mais d'une institution qui a déjà abandonné toute résistance. Interpol est à sa main. Toute respectabilité est depuis longtemps oubliée. C'est le même homme qui élaborera, en 1941, la quasi-totalité des directives qui conduiront des millions de résistants, de communistes, de juifs et de Tziganes à la mort.

Interpol complète parfaitement, à cette époque, la panoplie des administrations policières destinées à pourchasser les « ennemis du Reich ».

Laurent Greilsamer,
Interpol, policiers sans frontières, *1997*

Ce sont en effet les Allemands qui profitent le plus de l'activité d'Interpol dans les années 1930 et au début de la guerre. Dans son travail de post-doctorat, Jens Jäger cite des chiffres publiés en 1945 dans la revue de la CIPC, *Internationale Kriminalpolizei*. D'après cette analyse sur les profils de personnes recherchées par Interpol entre 1929 et 1940, sur 1886 individus, plus de la moitié sont de simples voleurs, « majoritairement des juifs, notamment de Pologne ». La majorité de ces notices concernant ces voleurs est alors émise par Berlin.

Une question brûlante se pose donc : la Commission internationale de police criminelle a-t-elle été utilisée par les nazis à des fins politiques ? Quels rôles ont joué les autres États membres de l'organisation pendant la guerre ?

Selon Jens Jäger, « la question est en effet celle du rôle concret d'Interpol dans la persécution des opposants, des juifs, des Roms, des résistants… pendant la période nazie, notamment après 1938 ». Après avoir consulté les archives existantes, le chercheur nous explique qu'« il n'y a tout simplement pas assez de preuves de l'implication d'Interpol dans ces événements. Elles n'existent pas ou n'ont pas encore été trouvées. Par conséquent, pour certains, Interpol est comme "morte" au début de la guerre, tandis que d'autres soupçonnent une plus grande implication dans les crimes nazis ».

Entre une organisation inerte et un outil opérationnel entièrement au service des nazis et de leurs crimes macabres, il existe tout de même une base factuelle, plus nuancée, qui vient se placer dans les zones grises de l'Histoire. De fait, il est trompeur d'affirmer que l'agence policière a « cessé de fonctionner comme une organisation internationale » en 1938, comme l'écrit encore Interpol dans son histoire officielle en 2023. « Les informations continuaient à circuler », affirme Jens Jäger. Pour le chercheur allemand, l'organisation a « continué à exister, continué à publier, continué à diffuser ».

Pendant la guerre, les polices de nombreux États membres de la CIPC vont en effet continuer à échanger à travers les canaux de l'organisation. En février 1940, une réunion reportée de la CIPC qui devait se tenir à Berlin est finalement annulée en raison du déclenchement de la guerre. Oskar Dressler, le fidèle secrétaire général de l'organisation, écrit alors au patron du FBI, J. Edgar Hoover, lui affirmant que malgré tout, « la Commission internationale de police criminelle poursuit ses activités ». Le FBI ne cessera de communiquer avec Interpol qu'en décembre 1941, quelques jours avant l'attaque de Pearl Harbor. D'après une présentation de l'organisation, diffusée l'année suivante, en 1942, par Oskar Dressler, pas moins de 21 polices à travers le monde étaient citées dans le registre officiel d'Interpol. On y trouve encore le FBI, Scotland Yard et « Monsieur l'inspecteur général chargé des services de police criminelle » à Paris.

« Des correspondances ont bel et bien eu lieu, mais je ne sais pas si elles ont donné lieu à des tentatives d'enquête », résume de son côté le sociologue Mathieu Deflem, que nous joignons par mail. Dans un ouvrage sur la coopération policière internationale paru en 2002, ce spécialiste estime que le régime nazi aurait voulu simplement garder « l'apparence de la continuité » de l'organisation policière. Les fichiers de la CIPC étant finalement peu importants en nombre à cette époque, le régime n'en aurait pas tiré « beaucoup de bénéfices » s'il avait voulu y inscrire l'agenda du parti nazi. Mathieu Deflem note toutefois que « parmi les quelques réalisations tangibles, la revue de la CIPC, *Internationale Kriminalpolizei*, a continué d'être publiée régulièrement pendant les années de guerre ». Que l'ancêtre d'Interpol ait servi ou non aux desseins funestes du régime hitlérien, le chercheur parle de « nazification de la CIPC » et conclut :

> *Enfin, il convient de noter que la nazification de la CIPC a été réalisée rapidement, non seulement en raison de la pseudo-légalité, mais aussi parce que les nouveaux principes nazis de maintien de l'ordre pouvaient être facilement intégrés aux pratiques policières existantes. Après le déménagement du siège à Berlin, par exemple, les formulaires de mandat de*

perquisition de la CIPC n'ont été modifiés que sur un seul point : l'ajout de la catégorie « RASSE » (« race ») à côté de la rubrique « RELIGION ».

Mathieu Deflem, La police dans la société mondiale : fondements historiques de la coopération policière internationale, *Oxford University Press, 2002*

Paris (France), 1946

Après la guerre, la CIPC va tenter de faire oublier son passé trouble en prenant un nouveau départ. En 1946, son siège déménage en France, à Paris. « Interpol » est choisi comme sigle télégraphique. L'organisation adoptera définitivement son nom actuel dix ans plus tard. En 1947, l'organisation publie sa première notice rouge, qui fera sa renommée. Cette fiche concerne un citoyen russe recherché pour le meurtre d'un policier. Trois ans plus tard, l'agence policière adopte un drapeau, bleu et blanc, orné d'un logo en son centre. Il représente un globe terrestre, entouré d'un glaive, de rameaux d'olivier et d'une balance, symboles respectifs de la police, de la paix et de la justice.

Dans les années 1950 et 1960, l'organisation de police criminelle prend de l'ampleur. S'invitent au programme de ses assemblées générales le contrôle des trafics aériens, la lutte contre les stupéfiants, la fausse monnaie et la prostitution – appelée « traite des blanches ». En 1967, quand Interpol déménage son siège de Paris à Saint-Cloud, dans les Hauts-de-Seine, l'organisation compte 100 États membres. L'agence policière est devenue plus légitime sur la scène internationale, mais une ombre continue à planer sur l'organisation. Après avoir été aux mains des nazis, l'institution refuse d'émettre des avis de recherche contre les anciens criminels de guerre. Interpol, organisation internationale neutre par essence, ne veut pas s'immiscer dans des affaires politiques et l'a même inscrit dans sa nouvelle constitution, adoptée en 1956.

> « Toute activité ou intervention dans des questions ou affaires présentant un caractère politique, militaire, religieux ou racial est rigoureusement interdite à l'Organisation. »
>
> Article 3 du Statut de l'Organisation internationale de police criminelle
>
> – Interpol

Le cadre légal, pourtant, existe. En 1948, l'ONU a édicté une convention sur le génocide. « Le génocide et les autres actes énumérés à l'article III ne seront pas considérés comme des crimes politiques pour ce qui est de l'extradition », précise la convention pour la prévention et la répression du crime de génocide. Mais Interpol s'entête, brandissant l'étendard d'une douteuse neutralité politique.

En 1960, alors qu'Adolf Eichmann, l'un des plus hauts dignitaires du régime nazi encore en vie, logisticien de la « solution finale », a été arrêté en Argentine, le journal *Le Monde* tente d'analyser les impasses en matière d'extradition des criminels de guerre.

> *En lisant ces jours-ci les manchettes de journaux allemands, en s'entretenant avec des Allemands de toutes conditions sociales, on ne peut pas s'empêcher de poser quelques questions. Comment se fait-il que c'est seulement maintenant, quinze ans après la guerre, qu'on s'apprête à punir les tortionnaires d'Auschwitz, ou du moins ceux que les Alliés n'ont pas punis eux-mêmes ? Comment se fait-il que les services secrets allemands n'aient pas réalisé eux-mêmes l'exploit dont se sont chargés avec des moyens bien moindres les Israéliens ?*

Puisque Eichmann a été capturé en Argentine, longtemps décrite comme l'Eldorado des anciens nazis, pourquoi le gouvernement de Bonn n'a-t-il jamais demandé l'extradition d'un seul nazi y résidant ?

À ces questions on répond toujours en rappelant combien il est difficile d'établir tous les détails de crimes commis depuis si longtemps dans des conditions si extraordinaires ; on fait valoir aussi la lente reconstruction de la légalité allemande après des années de régime hitlérien suivies de l'occupation alliée. On cite la complexité du problème de l'extradition des criminels. On rappelle l'absence d'une force exécutive capable d'appliquer les belles et très humaines résolutions des Nations unies contre le génocide et autres crimes contre l'humanité. On ajoute enfin que l'organisation de la police mondiale, l'Interpol, ne peut et ne veut s'occuper que des crimes ordinaires.

« Des procureurs d'Allemagne occidentale vont se rendre à Tel-Aviv pour recueillir des témoignages sur les complices d'Eichmann »,

Le Monde, *6 juin 1960*

La même année, l'Autrichien Oskar Dressler, l'historique premier secrétaire général d'Interpol, aux commandes de l'organisation entre 1923 et 1946, meurt. Marcel Sicot, un Français, est alors le secrétaire général de l'organisation. Omettant la collaboration zélée de Dressler avec le régime nazi pendant la guerre, Sicot rend un brillant hommage à son prédécesseur, « l'esprit qui anime la CIPC ». Comme le note le sociologue Mathieu Deflem dans son ouvrage sur la coopération policière internationale, Sicot espère que le nom de Dressler « sorte des limbes des réputations perdues ». L'ambiguïté de l'organisation policière quant à son histoire se confirme.

De fait, si Interpol va s'impliquer sur certains dossiers d'anciens nazis dans les années 1960 et 1970, elle va refuser, pendant quarante ans, de s'engager pleinement dans la « traque » de grands criminels de guerre.

En 1982, un juge d'instruction au tribunal de grande instance de Lyon, Christian Riss, en fait l'amère expérience dans la tristement célèbre affaire Barbie. Condamné à mort par contumace, l'ancien chef du renseignement de la *Gestapo* de Lyon, Klaus Barbie, s'est alors échappé en Bolivie. Christian Riss demande l'émission d'une notice rouge au secrétariat général d'Interpol. Il obtient une brutale fin de non-recevoir. Dans son livre *Barbie* (1984), le journaliste français Ladislas de Hoyos, grand connaisseur de l'affaire, publie la réponse d'Interpol.

> NR 7756/DRA 64/2/D/AG
>
> VOTRE FORMULE 1 NR PN/DCPJ/60 BCN 141918 DU 9 DÉCEMBRE 1982 CONCERNANT DEMANDE D'ÉDITION d'UNE NOTICE INTERNATIONALE (À INDICE ROUGE) SUR RESSORTISSANT ALLEMAND BARBIE PRÉNOM KLAUS NÉ LE 25 OCTOBRE 1913 À BAD GODESBERG/RFA STOP CETTE AFFAIRE PRÉSENTE UN CARACTÈRE POLITIQUE STOP LA DIFFUSION DE CETTE RECHERCHE SERAIT CONTRAIRE AUX DISPOSITIONS DE L'ARTICLE 3 DU STATUT DE L'ORGANISATION. J'ESTIME NE PAS POUVOIR DONNER SUITE À VOTRE DEMANDE STOP IL SEMBLE DANS CES CONDITIONS PRÉFÉRABLE QUE VOUS FASSIEZ APPEL À D'AUTRES VOIES QUE CELLES DE l'OIPC-INTERPOL POUR ACHEMINER

VOTRE REQUÊTE AUX PAYS CONCERNÉS FIN INTERPOL – PARIS SG.

Réponse du secrétariat général d'Interpol à la requête du juge Christian Riss, décembre 1982

En Bolivie, Klaus Barbie est redevenu un personnage haut placé. L'ancien tortionnaire se fait désormais appeler Klaus Altmann. Il est lieutenant-colonel des services spéciaux boliviens. Il bénéficierait alors des protections de services de renseignement occidentaux. « D'après mes renseignements, il était même au mieux avec le représentant d'Interpol en Bolivie. Je sais qu'il était souvent dans son bureau et que les dépêches de l'organisation qui pouvaient arriver avaient donc des chances d'être lues par lui », confie l'avocat et « chasseur de nazis » Serge Klarsfeld au journaliste Laurent Greilsamer. Barbie sera finalement arrêté en 1983, puis extradé vers la France, après un renversement politique en Bolivie. Interpol n'y aura joué aucun rôle.

En prenant la tête de l'organisation policière en 1985, Raymond Kendall met fin à cette politique attentiste d'Interpol envers les criminels de guerre. La même année, à la demande des autorités judiciaires allemandes, le secrétariat général d'Interpol diffuse enfin une notice rouge sur l'un des nazis les plus recherchés de la planète : Josef Mengele. Le docteur d'Auschwitz, surnommé « l'Ange de la mort », connu pour ses terribles expériences sur les détenus du camp de concentration, avait fui après la guerre en Amérique du Sud. En Argentine, au Paraguay puis au Brésil. Mais la notice arrive trop tard. En juin 1985, on découvre que six ans plus tôt, Mengele est mort noyé au Brésil, dans l'anonymat. Il ne sera jamais extradé ni jugé pour ses crimes. Dans son ouvrage *Interpol* (1992), l'avocat et journaliste britannique Fenton Bresler publie la notice rouge de Josef Mengele.

Né le 16 mars 1911 à GÜNZBURG (Allemagne). Fils de MENGELE Karl et de MENGELE née HUPFAUER Walburga ; marié avec MENGELE veuve MENGELE divorcée ENSMANN née WILL Marta. PROFESSION et NOMS D'EMPRUNT ET SOBRIQUET : voir au verso. SIGNALEMENT : voir photos prises entre 1936 et 1956. Taille 174 cm, cheveux foncés, probablement devenus gris, yeux vert-marron ; espace entre les deux incisives supérieures ; porte probablement maintenant une prothèse dentaire. Parle allemand, espagnol, anglais et probablement le dialecte sud-américain guarani. MOTIF DE LA DIFFUSION : fait l'objet du mandat d'arrêt N°(22) 50/4Js 340/80, délivré le 19 janvier 1981 par les autorités judiciaires de FRANCFORT-SUR-LE-MAIN pour assassinat. L'EXTRADITION SERA DEMANDEE EN CAS D'ARRESTATION DANS TOUS LES PAYS. En cas de découverte, procéder à son arrestation préventive et aviser immédiatement :*

*Bundeskriminalamt, Thaerstrasse 11, Postfach 1820, 62 WIESBADEN I (INTERPOL WIESBADEN) – réf. N°PR 32-2 M-74 186 F.A. du 3.4.1985 – & l'O.I.P.C. – INTERPOL, Secrétariat général, BP 205, 92212 SAINT-CLOUD CEDEX (INTERPOL PARIS SG).

Notice rouge d'Interpol contre Josef Mengele, 1985

En 1987, Interpol diffuse une nouvelle notice rouge contre un ancien responsable nazi : Aloïs Brunner. L'ancien chef du camp de concentration de Drancy, ex-bras droit d'Adolf Eichmann, a été localisé en Syrie. « La démarche d'Interpol ajoute une pression considérable à l'extradition demandée par l'Allemagne et marque la volonté de cette organisation de rompre heureusement avec la tradition du refus d'agir qui avait toujours été la sienne dans le domaine du crime nazi », se réjouit Serge Klarsfeld, dans les colonnes du *Monde*, en janvier 1987.

Pour Brunner, il n'est pas trop tard. Mais la notice rouge n'est pas suivie d'effets. La Syrie dément la présence de l'ancien dignitaire nazi sur son territoire. Brunner ne sera jamais extradé. Au sein de la dictature syrienne, il est devenu un personnage trop important. Il est conseiller du président Hafez al-Assad, le père de Bachar. L'ancien ingénieur nazi de la « solution finale » forme les chefs du renseignement syrien et aide à la mise en place de techniques de torture. En 2001, il est condamné en France par contumace à la prison à perpétuité pour crimes de guerre et crimes contre l'humanité. Brunner serait mort depuis, isolé en Syrie. La date de son décès n'est pas claire et plusieurs hypothèses émergent. Selon une enquête de la revue française *XXI*, il aurait rendu l'âme au fond d'un cachot en 2001, lâché par Bachar al-Assad, à l'âge de quatre-vingt-neuf ans. D'après des documents des services de renseignements allemands, consultés par le journal *Taz* et l'ONG FragDenStaat en juin 2023, Brunner serait finalement décédé à Damas en 2010.

Sous l'impulsion de Raymond Kendall, Interpol a enfin décidé d'émettre des avis de recherche contre les criminels de guerre. Dans le respect de la convention de l'ONU sur la prévention du génocide, l'organisation policière distingue désormais les crimes contre l'humanité des crimes politiques. Dans les années 1990, Interpol émet ainsi des notices rouges contre des criminels serbes, Radovan Karadzic et Ratko Mladic, accusés de purification ethnique en Bosnie et du génocide de Srebenica. Tous deux seront arrêtés, extradés et jugés devant le Tribunal pénal international pour l'ex-Yougoslavie (TPIY), qui les condamnera définitivement, en 2019 et 2021, à l'emprisonnement à perpétuité pour génocide et crimes contre l'humanité.

Cette fois, Interpol aura joué un rôle de premier plan.

4

Passé à tabac

« *L'argent crée la dépendance.*
C'est ce qu'on apprend au tout début de notre formation. »

« *Dave* »

Lyon (France), janvier 2013

Une enquête est comme une toile d'araignée. Il ne s'agit pas pour le journaliste de suivre une piste linéaire, mais de tirer différents fils parmi les plus intéressants. Ces dernières semaines, nous avions tenté de comprendre le fonctionnement d'Interpol, derrière le mythe. Nous avions découvert l'histoire de l'agence policière et son sombre passé nazi. Une autre piste nous intriguait : le financement.

En général, ce fil est toujours prometteur. « *Follow the money* ». Suivez l'argent. Cette célèbre réplique est prononcée par « Gorge profonde », la source des deux reporters du *Washington Post* qui dévoilent l'affaire du Watergate dans le film culte *Les Hommes du président*. Un classique pour tout jeune journaliste attiré par l'enquête. Cet adage en tête et le poster du film sur nos murs, nous nous penchons sur la question des ressources de l'institution, pour découvrir qu'il s'agit d'une problématique de longue date.

En 2000, quand Raymond Kendall s'apprête à quitter Interpol, le budget de l'agence policière n'est que de 25 millions d'euros. En 2012, au début de notre enquête, il atteint près de 70 millions d'euros. L'organisme a presque triplé sa capacité financière en une dizaine d'années, et ce n'est pas anodin. Mais Interpol affiche toujours un budget très limité pour une organisation internationale. À titre de comparaison, l'ONU dispose de plus de cinq milliards de dollars en 2012-2013. L'OMS de près de quatre milliards de dollars. Le budget d'Interpol reste même inférieur à l'organisation régionale Europol, la police de l'Union européenne, qui possède une enveloppe de 84 millions d'euros en 2012.

Comme n'importe quelle organisation internationale, Interpol est d'abord financée par les États. En 2012, 190 pays sont membres de l'agence policière. La cotisation annuelle dépend de la situation économique et du poids historique de l'État dans l'organisation. Ainsi, les cinq premiers financeurs d'Interpol sont alors les États-Unis, le Japon, l'Allemagne, la Grande-Bretagne et la France. La cotisation annuelle minimale, donnée par exemple par la Tunisie, l'Arménie ou le Bangladesh, est d'environ 15 000 euros.

En explorant les rares documents publics disponibles sur le site Internet d'Interpol, nous comprenons vite que les cotisations statutaires des pays membres ne sont pas les seuls revenus de l'organisation. Depuis la fin des années 2000, Interpol a ouvert son financement à des contributeurs privés. En 2011, ceux-ci représentaient déjà 13 % de son budget. L'année suivante, la part privée s'élève désormais à 21 %. Soit une augmentation de 85 % sur un an. Qui sont ces mystérieux nouveaux contributeurs ?

Un premier nom de société va allumer nos warnings. Des associations et militants de la lutte contre le cancer révèlent qu'Interpol a subi un revers à Séoul, en Corée du Sud, lors d'un événement passé complètement sous le radar des médias. En novembre 2012 s'est en effet tenue la cinquième conférence des parties de la convention-cadre de l'Organisation mondiale de la santé (OMS) pour la lutte antitabac. Plus de 140 États signataires avaient fait le déplacement dans la capitale sud-coréenne. Cette convention-cadre est l'accord « star » de l'OMS, un traité international très reconnu et respecté. Entrée en vigueur en 2005, ratifiée par 176 États, elle expose non seulement les problèmes de santé publique du tabac, mais aussi les stratégies de lobbying de l'industrie sur les acteurs publics, les gouvernements ou les organisations internationales. Luttant contre la contrefaçon de cigarettes, Interpol avait fait la demande, légitime, d'accéder au statut « d'observateur » de cette convention de l'OMS. L'organisation policière veut donc pouvoir assister aux réunions publiques des États membres sur la lutte antitabac.

Au moment du vote, les délégués des États membres sont gênés. Ils ont appris qu'Interpol avait signé quelques mois plus tôt un accord financier avec Philip Morris International. Pour 15 millions d'euros, étalés sur trois ans, la firme de Marlboro finançait désormais le combat d'Interpol contre le trafic illicite de marchandises, dont les produits du tabac. Un partenariat contre nature entre l'organisation internationale de police criminelle et l'industrie du tabac, multicondamnée pour ses mensonges et ses pratiques de lobbying. D'après des e-mails de Philip Morris publiés quelques années plus tard par l'agence Reuters, ce jour-là, aucun pays ne s'est exprimé en faveur de l'organisation policière. Et pour cause. Présente pendant les débats à Séoul, Tanya Plibersek, la ministre australienne de la Santé, a alerté : « La convention estime que ces types d'accords [entre Philip Morris International et Interpol] sont utilisés pour promouvoir l'industrie du tabac, et ont le potentiel de susciter des conflits d'intérêts ».

> En définissant et en appliquant leurs politiques de santé publique en matière de lutte antitabac, les parties veillent à ce que ces politiques ne soient pas influencées par les intérêts commerciaux et autres de l'industrie du tabac, conformément à la législation nationale.
>
> Article 5.3 de la convention-cadre de l'OMS pour la lutte antitabac

Or l'agence internationale de police ne semble voir aucun conflit d'intérêts dans ce partenariat décrié, comme l'affirme Léopold Stefanini, membre de la délégation française et rédacteur sur les questions de santé à l'ONU, que nous joignons par téléphone début 2013. Pour lui, « Interpol avait sous-estimé le problème ». « Il y avait une opinion unique. C'était très clair. Pour tous, ce n'était pas compatible avec l'article 5.3 de la convention-cadre antitabac », nous confie de son côté Franz Pietsch, le chef de l'équipe autrichienne. Un responsable d'une délégation de l'Union européenne ajoute, sous anonymat : « Il valait mieux reporter la décision [le vote du statut d'observateur], car il a été prouvé que l'industrie du tabac participe au trafic illégal de cigarettes dans le monde ». Les délégués ne l'explicitent pas publiquement mais, au vu du passé sulfureux de Philip Morris, tous craignent l'influence du cigarettier sur le travail de police d'Interpol.

Bruxelles (Belgique), juin 2013

Afin de mieux comprendre l'origine de ce partenariat avec Philip Morris, nous avons sollicité Ingeborg Grässle, une députée allemande du PPE – l'alliance européenne des partis de droite. Elle est l'une des premières élues à avoir réprouvé le pacte noué entre l'agence policière et Philip Morris. Pour nous aider à retracer sa genèse, elle a tenu à nous présenter un invité de passage à Bruxelles, et réservé à cet effet une table privée dans un hôtel chic, à deux pas du Parlement. Nous la retrouvons dans une pièce fermée, dédiée aux rencontres et aux contrats confidentiels.

L'homme présent à ses côtés, physique de boxeur, cheveux courts et grisonnants, nous salue. Cet ancien inspecteur des douanes accepte de nous parler à condition que l'on préserve son anonymat et sa nationalité. Pour cette enquête dans le monde feutré de la police criminelle, nous allons renommer toutes nos sources en héros de polar et roman noir. Lui sera « Dave », en hommage au personnage de Dave Robicheaux[1], ce vieux shérif de Louisiane sage et désabusé.

Dans les années 1990, ce douanier a enquêté sur la « mafia des cigarettes ». Il a suivi la trace des contrebandiers au cœur d'un immense trafic, entre l'Union européenne, la Suisse et les Balkans. Un trafic dont l'industrie du tabac n'était pas étrangère. « Dix ans d'enquête pour rien », s'agace Dave.

C'était l'époque de la « Montenegro Connection ». Dans les années 1990, l'industrie du tabac alimentait elle-même la contrebande de cigarettes, pour contourner les lourdes taxes de l'Union européenne. Le Monténégro, ce petit État des Balkans peuplé de 600 000 habitants, servait alors de plaque tournante du trafic, en étroite collaboration avec les mafias locales et italiennes. Produites aux Pays-Bas, en Suisse ou en Europe de l'Est, les cigarettes transitaient par des réseaux mafieux au Monténégro, avant d'être revendues sans taxes vers l'Italie, l'Espagne ou la France, notamment. De source judiciaire, ce fut l'un des plus gros trafics de ces vingt dernières années. Plus d'un milliard d'euros ont été blanchis dans les banques suisses, à la barbe des autorités européennes.

1. Personnage de roman créé par l'auteur américain James Lee Burke.

En juillet 2004, le numéro un mondial du tabac, le groupe Philip Morris International, signe un accord pour un milliard d'euros sur douze ans avec l'Union européenne. Il s'agit d'une conciliation, à la suite d'une action civile intentée par la Commission européenne devant une cour de New York, en raison de l'implication présumée du cigarettier américain dans la contrebande. Les trois autres géants du « *Big Four* » du tabac, Japan Tobacco International, British American Tobacco et Imperial Tobacco Group, signeront à leur tour un accord en 2007 et 2010, pour une somme s'établissant à 2,15 milliards de dollars pour les quatre multinationales. L'enveloppe est considérable. Elle doit permettre de rembourser aux États européens spoliés une partie de leurs taxes perdues. Elle doit également engager l'industrie du tabac à mettre en place un système de traçabilité de ses produits, ainsi qu'une véritable politique de lutte contre la contrebande.

Pour Dave, l'accord est « une affaire pour l'industrie ». Lui estime à plusieurs milliards d'euros le véritable dommage, pour plus de dix ans de contrebande sans payer les taxes européennes appropriées. Dans les années 2000, le douanier se souvient bien des premières rencontres avec les cigarettiers. Ils affichaient leur détermination d'en finir avec les pratiques délictuelles du passé. « À partir de 2005, Philip Morris a voulu collaborer avec nous. Ils ont commencé à inviter les douaniers pour leurs événements », se remémore Dave. « Au début, ça marchait plutôt bien. Les douaniers étaient très contents d'avoir des informations de leur part. Mais un jour, les lobbyistes ont dit qu'ils voulaient participer aux événements des douaniers. Tout se passait le soir. Ils prenaient des notes et disaient qu'ils allaient nous aider. Mais en réalité, ils voulaient juste savoir où on en était dans notre travail. »

Assise à ses côtés, Ingeborg Grässle écoute attentivement l'ancien douanier. Depuis des années, cette députée démocrate-chrétienne allemande, proche de la chancelière Angela Merkel, est l'une des rares élues de droite à se battre contre les lobbys du tabac au Parlement européen. Au début des années 2000, elle a observé de très près les négociations entre la Commission européenne et l'industrie du tabac, se montrant bienveillante au départ. « J'étais parmi ceux qui ont salué l'accord de manière euphorique. Mais ensuite, on apprend dans les coulisses que la contrebande continue », soupire la députée.

En effet, une décennie plus tard, le Monténégro est redevenu une plaque tournante du trafic de cigarettes. L'industrie du tabac laisse faire. De l'autre côté de l'Adriatique, en septembre 2013, la brigade financière italienne (la *Guardia di Finanza*) arrête 42 personnes dans le port de Brindisi, en Italie. Ce coup de filet massif est l'aboutissement d'une investigation de seize mois autour d'un trafic de cigarettes de contrebande entre l'Italie et le Monténégro. Les contrebandiers, notamment membres de la *Sacra Corona*, la mafia italienne de la région des Pouilles, avaient fait des palmiers de l'île de Saint-Nicolas un centre névralgique du trafic. Les gendarmes italiens ont démarré leur enquête en avril 2012, quand la police croate intercepte dans ses eaux 1590 cartouches de FM et L&M, une marque de Philip Morris International.

En 2014, un an après notre rencontre bruxelloise, nous effectuons une enquête de terrain dans les Balkans. Pour une dizaine d'euros, un pêcheur nous emmènera en bateau sur l'île de Saint-Nicolas, près du port de Budva, au Monténégro. Sur place, les bars et les restaurants sont tous déserts. Abandonnées sous les palmiers, les aires de loisir seront jonchées de cadavres de bières et de cigarettes. Comme si les résidents avaient dû fuir dans la précipitation.

« En Croatie, c'était les mêmes personnes que sur l'île de Saint-Nicolas si on s'en tient aux enregistrements téléphoniques », nous confiera un officier de la *Guardia Di Finanza* de Brindisi. « C'est le plus grand trafic de cigarettes par bateaux entre le Monténégro et l'Italie depuis 2000 », lâchera-t-il. « Le Barbier », « le Bébé », « l'Enveloppe ». Des surnoms de mafieux italiens, dignes de films de Martin Scorsese, apparaissent dans les rapports de police autour de l'île monténégrine de Saint-Nicolas. Certains appartiennent même aux familles mafieuses de la grande époque de la « Montenegro Connection ».

Malgré l'échec de la traçabilité des cigarettes, l'accord de 2004 entre Philip Morris et l'Union européenne va pourtant servir de modèle à d'autres institutions dans leur lutte contre la contrebande. C'est de cet accord que s'inspire Interpol, huit ans plus tard, lorsque l'agence conclut son partenariat à 15 millions d'euros avec Philip Morris. « Interpol fait un accord, tout le monde fait un accord avec l'industrie. Mais personne n'est au courant des raisons », s'indigne Ingeborg Grässle lors de notre rencontre. Elle demande depuis des années plus de transparence et de vigilance dans les échanges avec l'industrie du tabac.

En bon connaisseur du dossier, Dave ne semble pas dupe, non plus, des intentions du cigarettier. « Ils veulent connaître la stratégie d'Interpol. Philip Morris n'est pas une entreprise sociale. Leur job, c'est de vendre des cigarettes », rappelle-t-il. « Vous imaginez un enquêteur douanier sponsorisé par Philip Morris ? Ou ses déplacements payés par l'industrie ? Si une entreprise veut aider, elle peut le faire sans argent. L'argent crée la dépendance, de la pression. C'est ce qu'on apprend au tout début de notre formation. »

Nous aurions aimé discuter de tous ces sujets avec des dirigeants de Philip Morris International, dont le siège était à Lausanne, en Suisse. Mais la multinationale avait décliné notre demande d'interview. À la place, elle nous avait envoyé un mail avec de beaux éléments de communication.

De PMI, Media 1er mai 2013, 14 : 26
À Mathieu Martinière

Cher M. Martiniere,

Merci d'avoir contacté Philip Morris International. Malheureusement, nous ne serons pas disponibles pour une interview, mais vous trouverez ci-dessous quelques informations qui pourront vous aider à répondre à vos questions :

Le marché noir des cigarettes se développe dans le monde entier, entraînant non seulement de graves conséquences, négatives, pour le secteur du tabac et les gouvernements, mais aussi une menace accrue pour la sécurité des communautés du monde entier, car il finance la contrebande de drogues, le crime organisé et le terrorisme. Pour lutter efficacement contre ce problème, les secteurs privé et public doivent s'attaquer à l'offre et à la demande de produits du tabac illégaux.

Dans le cadre de ses efforts pour s'attaquer à ce problème, PMI [Philip Morris International] dispose d'une équipe dédiée qui travaille avec les gouvernements et les groupes d'application de la loi. Nous investissons de manière significative dans des mesures telles que la mise en œuvre d'un système mondial de suivi et de traçabilité, des politiques complètes de connaissance du client – des contrôles que PMI met en œuvre lorsqu'il traite avec des clients, des distributeurs et des fabricants tiers, conçus pour sécuriser la chaîne d'approvisionnement légale – et des initiatives d'éducation pour sensibiliser aux conséquences négatives du commerce illicite.

En outre, parce que la criminalité inhérente à cette activité illégale exige une action transfrontalière coordonnée, nous nous sommes engagés à verser 15 millions d'euros au Fonds pour un monde plus sûr d'INTERPOL, créé pour lutter contre le trafic illicite de nombreux types de marchandises, y compris les produits du tabac, par la collecte d'informations, des programmes de formation pour les agents chargés de l'application de la loi et des campagnes d'information du public.

Vous pouvez attribuer toute citation à Artyom Chernis, vice-président de PMI, Stratégies et prévention du commerce illicite (...).

Meilleures salutations,

Mme A.
Bureau de presse de Philip Morris International

Notre soirée bruxelloise touche à sa fin. Nous sortons discrètement de notre salon privé, Ingeborg Grässle et l'ex-inspecteur des douanes en tête. Silencieux. Dans cet hôtel de luxe situé au cœur du quartier européen, de nombreuses loges sont réservées au nom d'hommes politiques ou de grandes entreprises. Or notre source tient à rester anonyme. Mais, au moment de payer, Dave affiche brusquement un sourire crispé. Dans un coin du restaurant, une pièce a été réservée ce soir-là par une très grosse multinationale : « Philip Morris International ».

5

Interpol à la une

« Ce que vous êtes en train de dévoiler devrait être en une du Washington Post. »

Stanley Morris

Lyon (France), mai 2013

« L'immoral financement d'Interpol ». En ce printemps 2013, la une du journal *Lyon Capitale* s'affiche dans les vitrines et sur les présentoirs des bureaux de tabac de la ville. Pleine page, on y aperçoit le siège de l'agence policière, pris en plongée depuis les hauteurs de la colline de Caluire. Une forteresse de verre au milieu d'un écrin de verdure. Sur un coin de la une, un portrait de Ronald K. Noble, le secrétaire général américain d'Interpol, visage inconnu du grand public, donne à cette couverture un aspect d'autant plus énigmatique.

Après six mois d'enquête, nous publions nos premiers papiers sur l'organisation policière. La direction de « *Lyon Cap* » a décidé de sortir le grand jeu, nous donnant douze pages, la une et ce titre accrocheur, qui pose bien les enjeux, éthiques et moraux. Une confiance rare accordée à deux jeunes pigistes, pour ce mensuel tourné vers l'investigation locale. En parallèle, nous écrivons un article dans le grand hebdomadaire allemand *Die Zeit*, journal avec lequel Robert collabore régulièrement.

Nous n'avons plus lâché la piste de l'argent. Après avoir découvert qu'Interpol était financée par Philip Morris, nous révélons dans ces premiers papiers les coulisses d'autres partenariats signés avec la Fifa, l'industrie pharmaceutique et le Comité suprême pour l'organisation de la Coupe du monde 2022 au Qatar. Des accords financiers qui posent de sérieuses questions de réputation et d'intégrité, pour une organisation policière chargée de la lutte contre la criminalité internationale.

Ces partenariats créent également des conflits d'intérêts majeurs. Peu après l'accord signé avec Philip Morris en 2012, censé financer la lutte contre les marchandises illicites, Interpol valorise un nouveau système de traçabilité des cigarettes, lancé par la firme américaine et plusieurs multinationales du tabac. Ce système, nommé « Codentify », permet de détecter les contrefaçons, mais n'est encore que dans sa phase de lancement. Aucune décision d'un État qui compte n'a encore été prise sur son éventuelle adoption. Dans l'attente d'une directive européenne qui doit fixer les règles de la traçabilité des produits du tabac dans l'Union, de juteux appels d'offres nationaux sont en jeu, et la concurrence de sociétés indépendantes menace l'industrie du tabac. Pourtant, dans des conférences internationales, Interpol évoque déjà le système de Philip Morris. « La plate-forme I-Checkit d'Interpol sera compatible avec les systèmes de l'industrie (...) tel Codentify », assure Ronald Noble, le secrétaire général d'Interpol, dans un congrès de l'Organisation mondiale des douanes à Istanbul, en avril 2013.

Cette première enquête dans *Lyon Capitale* est illustrée par des auteurs de *Fluide glacial*, qui ont relooké le journal pour un numéro spécial BD. Ainsi, un dessin de Jeff Pourquié représente deux agents d'Interpol fumant des cigarettes devant leurs ordinateurs, affublés de costumes de Robocop sponsorisés par Philip Morris. Dans une bulle, l'un des policiers s'exclame : « Au fait ! C'est Codentify, pas Spotify ». Pourquié lui donne pour titre : « INTERPAUL et son fidèle PHILIPPE MAURICE épuisent leurs dernières cartouches ».

Le secrétariat général d'Interpol, qui a n'a pas l'habitude des critiques, goûte peu la plaisanterie. Quelques semaines auparavant, nous avions pourtant répondu à la requête de Mme B., l'attachée de presse d'Interpol qui nous avait envoyé le courrier très sec mentionné plus tôt, en lui soumettant des questions précises. Mais celles-ci n'ont fait que la braquer davantage. Quinze jours avant la sortie de nos articles, elle envoyait un nouveau courriel à Mathieu Thai et Raphaël Ruffier-Fossoul, respectivement directeur de la publication et rédacteur en chef de *Lyon Cap*, pour exiger « un droit de réponse ». Le ton accusateur est sans équivoque :

De : Mme B.
Objet : INTERPOL – droit de réponse [For official use]
Date : 14 mai 2013 09 :06 :30 UTC+02 :00
À : Mathieu Thai, Raphaël Ruffier-Fossoul
Classification : For official use

Messieurs, Je vous écris au sujet d'un article actuellement préparé par le journaliste indépendant Mathieu Martinière et qui, je crois savoir, devrait être publié dans le numéro du 31 mai de Lyon Capitale(...).

Au vu des questions de M. Martinière dont j'ai pris connaissance, il est manifeste qu'il prépare un article négatif et fallacieux au sujet d'INTERPOL, dénotant une totale méconnaissance de la façon dont fonctionne l'Organisation, qui est la conséquence soit d'un parti pris soit d'une ignorance fondamentale due au fait que le travail de recherche le plus élémentaire incombant à tout journaliste sérieux n'a pas été mené.

Je vous contacte donc afin qu'INTERPOL dispose d'un droit de réponse et que cette réponse soit publiée dans le même numéro que celui où paraîtra l'article, afin que vos lecteurs aient connaissance de tous les éléments et ne soient pas induits en erreur par des supputations mensongères et susceptibles de causer un préjudice (...).

Dans cette attente, veuillez agréer l'expression de mes salutations distinguées.

Mme B.
Attachée de presse principale
INTERPOL

La direction de *Lyon Capitale*, avec qui Mathieu travaille depuis deux ans, n'accorde que peu de crédit à ce coup de pression à peine voilé. Quelques jours après l'envoi de ce courriel, l'agence policière décide finalement de répondre longuement par écrit à nos questions.

On ne peut pas parler ici de « droit de réponse », puisque la mise au point intervient avant qu'Interpol ait pu lire l'article contesté. Ce droit, possibilité légale en France pour n'importe quel citoyen ou institution voulant réagir à un article de presse, est toujours publié a posteriori. Par souci d'équilibre, nous décidons tout de même de retranscrire l'intégralité des réponses d'Interpol dans le même numéro, à la suite de notre enquête. Quatre pages de « contradictoire », une rareté dans la presse. Rien ne nous oblige à cette longueur. Mais nous estimons que ces déclarations d'Interpol, si elles ne répondent pas entièrement à nos questions, sont éclairantes quant au déni qu'elles trahissent.

À la question de savoir si la lutte contre le trafic illégal de cigarettes peut être menée en toute indépendance par une institution qui accepte un financement de Philip Morris, Interpol se couvre en évoquant les accords conclus entre le cigarettier et l'Union européenne :

L'accord conclu par INTERPOL avec PMI n'a rien d'inhabituel. En 2004, 2007 et 2010, l'Union européenne a signé avec Philip Morris International, Japan Tobacco International, British American Tobacco et Imperial Tobacco des accords portant sur près de 2 milliards d'USD [dollars américains] au total – ce qui représente bien plus que 100 millions par an – pour lutter contre le commerce illicite de cigarettes. La capacité de l'Union européenne à combattre en toute indépendance le trafic de produits illicites a-t-elle été mise en doute par qui que ce soit après la signature de ces quatre accords totalisant près de 2 milliards d'USD ? Bien sûr que non. Pourquoi ? Parce que ces accords garantissent l'indépendance, de même que le modeste accord conclu avec INTERPOL pour 5 millions d'euros annuels sur trois ans.

L'indépendance d'INTERPOL est expressément garantie dans l'accord avec PMI car INTERPOL décide SEUL des initiatives et projets anti-produits illicites auxquels est affecté cet argent.

Au-delà de l'affirmation, l'agence policière ne détaille pas concrètement quelles sont les garanties de cette indépendance. Plus loin, le secrétariat général d'Interpol justifie la nécessité des partenariats privés, qui peuvent aider l'organisation dans « l'accomplissement de son mandat, à savoir œuvrer pour un monde plus sûr. » Lorsque nous lui demandons si la part du privé dans le financement de l'agence est amenée à augmenter, il répond :

Si le secteur privé peut faire des dons dans ce but tout en respectant l'indépendance et la neutralité d'INTERPOL, c'est la société tout entière qui en profite. Par exemple, la lutte contre la contrefaçon ou la fraude bancaire, ou encore le renforcement de la sécurité des voyages internationaux et des hôtels sont des domaines concernant lesquels de grandes sociétés commerciales, de grandes banques, des voyagistes et des compagnies aériennes se sont dit intéressés par le financement d'activités de sécurité conduites par INTERPOL. Si elles bénéficient de tels financements, ces activités permettront une circulation plus sûre des personnes et des produits, et donneront aux pays la possibilité de développer leur économie et d'améliorer leur sécurité.

La pertinence du recours aux entreprises privées pour se maintenir à la pointe de l'innovation technique est également mise en avant :

En outre, le secteur privé est désormais indispensable en matière d'innovations technologiques. INTERPOL doit donc pouvoir compter sur de solides partenariats avec des entreprises spécialisées dans l'informatique, la biométrie, la surveillance électronique, la cybersécurité ou les nouvelles technologies de l'information, afin d'acquérir les moyens indispensables pour mener à bien ses missions.

Les organisations criminelles savent elles aussi utiliser les technologies modernes. Il est par conséquent essentiel que des coopérations s'établissent, dès la conception de ces nouveaux systèmes, entre INTERPOL, les autres services chargés de l'application de la loi et les industriels afin d'apprendre, aussi en amont que possible, de quoi ces systèmes sont capables, et de prévoir comment en traiter les utilisations illicites. Le domaine de la surveillance électronique est un bon exemple de cela.

Selon le secrétariat général, Interpol conclurait des accords de coopération avec des entités du secteur privé à condition que :

L'accord vise à la réalisation des buts d'INTERPOL ;

La neutralité et l'indépendance d'INTERPOL soient garanties à tout moment ;

La réputation, l'indépendance, l'impartialité, la transparence et la crédibilité d'INTERPOL soient protégées et assurées à tout moment ;

Plus d'une entité du secteur privé se voie proposer la possibilité de conclure un accord de coopération avec INTERPOL.

Or, à ce stade, la réputation, l'indépendance, l'impartialité, la transparence et la crédibilité d'Interpol sont pourtant déjà compromises, comme nous allons continuer à le démontrer.

Cette première publication n'a pas seulement fait réagir le service de presse d'Interpol. Elle a également attiré l'attention d'un ancien cadre haut placé de l'agence policière.

Lyon (France), juillet 2013

Sirotant un Perrier en terrasse sous un soleil estival, Stanley Morris passerait facilement pour un touriste américain. Cet homme barbu et jovial de soixante et onze ans, qui nous a donné rendez-vous dans un café de la place Sathonay, dans le 1er arrondissement de Lyon, vit pourtant depuis plus de dix ans sur les pentes de la Croix-Rousse.

Sous cet air bonhomme et ce regard bienveillant se cache en réalité l'ancien directeur des US Marshals – entre 1983 et 1989 –, ces policiers chargés de traquer les criminels en fuite aux États-Unis, et popularisés au cinéma par Tommy Lee Jones dans *Le Fugitif*. Stanley Morris devint par la suite adjoint au Bureau de la politique nationale de contrôle des drogues à la Maison Blanche dans les années 1990, puis chef de la brigade anticrimes financiers au département du Trésor. Il a reçu des médailles de plusieurs présidents américains, de Ronald Reagan à Bill Clinton, avant de rejoindre Interpol, à Lyon.

Quelques mois avant les attentats du World Trade Center, Stanley Morris traverse l'Atlantique en compagnie du nouveau secrétaire général d'Interpol, Ronald Noble. Au siège lyonnais, il reste deux ans directeur de cabinet et l'un des plus proches collaborateurs du patron de l'agence policière. Puis il prend en charge, jusqu'à sa retraite en 2006, le nouveau programme I-24/7 d'Interpol, un système de communication mondial, disponible de jour comme de nuit pour les polices du monde entier.

Nous rencontrons pour la première fois Stan Morris quelques semaines après notre publication dans *Lyon Capitale*, qu'il a appréciée. « Ce que vous êtes en train de dévoiler devrait être en une du *Washington Post* », nous confie-t-il sérieusement. Il prévient toutefois, avec un sourire : « Comme disent les journalistes aux États-Unis, nous allons rester *on background* pour le moment ».

« *On background* » se traduit en français par « en arrière-plan ». Stan Morris accepte de nous aider à comprendre le contexte, tant qu'on ne le cite pas nommément. C'est le premier d'une série de rendez-vous informels et réguliers avec lui, toujours en terrasse de café, jusqu'à ce que l'Américain accepte de se dévoiler dans une interview que nous publions dans *Lyon Capitale* en octobre 2013.

MATHIEU MARTINIÈRE, ROBERT SCHMIDT. Vous avez été l'un des plus proches collaborateurs de Ronald Noble, le patron de l'organisation mondiale de police. Pourquoi acceptez-vous aujourd'hui de réagir à notre enquête sur « l'immoral financement d'Interpol » ?

STANLEY MORRIS. J'ai toujours cru en une presse libre et forte. J'ai lu votre article dans *Lyon Capitale* et, même si je ne suis pas d'accord avec tout, je pense qu'il est juste. J'ai senti que parler avec vous rendrait votre article encore plus précis, plus juste. Comme on dit aux États-Unis, *I have no axe to grind* (je n'ai pas de comptes à régler) avec Interpol. Je crois qu'Interpol joue un rôle précieux, mais, comme pour toute organisation, ce rôle peut être amélioré.

MATHIEU MARTINIÈRE, ROBERT SCHMIDT. Vous avez connu l'actuel secrétaire général d'Interpol, Ronald Noble, et son prédécesseur, Raymond Kendall (1985-2000). Peut-on parler d'un changement de style entre Raymond Kendall, ancien policier anglais de Scotland Yard, et Ronald Noble, ancien juriste et haut fonctionnaire américain ?

STANLEY MORRIS. Ray Kendall et Ron Noble étaient à la fois des collègues et des amis. Ils ont fait des contributions précieuses pour le développement de l'organisation. Hélas, je pense que tous les deux sont restés trop longtemps à la tête d'Interpol.

Kendall a récupéré une organisation fatiguée, à Saint-Cloud, l'a amenée à Lyon dans un bâtiment moderne et a augmenté le personnel. Mais, quand Noble et moi sommes arrivés, en 2000, j'ai été étonné de voir à quel point l'organisation était rétrograde. Kendall n'avait pas d'ordinateur dans son bureau et dictait ses lettres à sa secrétaire. Les notices rouges prenaient neuf mois pour être approuvées et transmises aux pays membres… C'était comme si Interpol était restée gelée dans les années 1950. Noble a apporté une gestion moderne. Il a remplacé les carnets de bord par les e-mails, des logiciels et des ordinateurs. Il a modernisé le vieux système de communication, qui était à la fois cher et inefficace, avec la base Internet I-24/7, qui a placé Interpol dans le XXIe siècle.

Hélas, à bien des égards, Interpol est une organisation étrange. Le contrôle est rare et le comité exécutif reste essentiellement une simple chambre d'enregistrement (*rubber stamp*). Les membres du comité viennent à Lyon trois fois par an, aux frais d'Interpol, dînent, boivent, et ils n'ont aucun moyen de comprendre ce qui se passe, au-delà de ce que le secrétaire général veut bien leur dire. La plupart de ces policiers gradés sont détachés de leur pays, donc leur loyauté première va à l'administration policière qui les paye. Il n'y a pas d'intérêt pour eux à faire des vagues.

(...)

MATHIEU MARTINIÈRE, ROBERT SCHMIDT. Dès son arrivée à Interpol, Ronald Noble veut moderniser l'organisation et développer des capacités d'enquête sur le terrain. Des finances serrées vont freiner ses ambitions. Petit à petit, il va se tourner vers le secteur privé, plus généreux que les États membres. Le petit budget d'Interpol a-t-il toujours été un obstacle pour l'évolution de l'organisation ?

STANLEY MORRIS. Le budget d'Interpol est relativement faible si on le compare à d'autres organisations internationales, comme Europol par exemple. Il repose sur les contributions des États membres, ce qui signifie que l'argent provient des polices nationales. Sous Kendall comme sous Noble, obtenir les contributions de tous les États était un problème récurrent.

Après les attaques du 11 septembre 2001, Interpol a assumé de nouvelles fonctions. Il a fallu trouver de nouveaux fonds. Bien sûr, les initiatives de Noble pour créer un bureau new-yorkais à l'ONU et un second siège à Singapour ont coûté cher. Cependant, l'argent du secteur privé ne devrait pas être utilisé pour les activités de police d'Interpol.

(...)

MATHIEU MARTINIÈRE, ROBERT SCHMIDT. En 2014, Interpol va célébrer ses cent ans[1]. Un siècle plus tard, le rêve des fondateurs de créer un réseau efficace entre les polices du monde entier est-il réalisé ? À quoi doit ressembler l'Interpol de demain ?

STANLEY MORRIS. Je crois dans le modèle d'Interpol, comme n'importe quelle organisation, elle doit afficher clairement ses priorités, moderniser son système et réaliser des changements dans son management. Un comité exécutif fort, combiné avec plus de transparence et plus de contrôle serait souhaitable. Europol a un budget plus important mais aussi une supervision beaucoup plus forte, à la fois par les États membres, la Commission et le Parlement européen. Les jours où Interpol était une petite unité à Saint-Cloud appartiennent au passé.

Le monde de l'après 11-Septembre a eu des demandes plus importantes en matière de sécurité. Mais je suis l'un de ceux qui pensent que les services de renseignement jouent un rôle trop important, en lieu et place de la police. Peu importe les critiques sur la manière d'opérer le maintien de l'ordre, la police agit sous l'autorité de la loi, et reste sujette au contrôle politique et juridique dans la plupart des pays. Un contrôle que les agences de renseignement n'ont pas. Si Interpol échoue à intégrer ces challenges, je pense que nous allons tous y perdre, particulièrement ceux qui croient dans le système démocratique, les droits de l'homme et l'État de droit.

1. L'idée d'Interpol, née au congrès de police judiciaire international de Monaco en 1914, avait cent ans en 2014, raison pour laquelle l'organisation a célébré cette année-là « *cent ans de coopération policière* internationale ». Mais l'organisation en elle-même est bien née en Autriche en 1923. Elle fête ses cent ans en 2023.

Ron Noble, auprès de qui a étroitement travaillé Stanley Morris, a-t-il conscience des dérives possibles des évolutions qu'il a mises en place ? Nous devrons attendre encore quelques mois avant de voir le charismatique secrétaire général d'Interpol parler de son bilan, à l'heure de passer la main à son successeur.

6

Ronald K. Noble

« *Si le budget d'Interpol n'est pas d'un milliard par an, le monde n'est pas sécurisé comme il devrait l'être.* »

RONALD KENNETH NOBLE

Monaco, novembre 2014

Devant les « grands flics » du monde entier, réunis à Monaco pour l'assemblée générale d'Interpol, Ronald K. Noble, cinquante-huit ans, a voulu une dernière fois faire le show. Après trois mandats à la tête de l'organisation, le secrétaire général américain d'Interpol a tenu à célébrer son départ en commémorant les cent ans du premier congrès de police judiciaire internationale. Deux fêtes en une, sous l'égide du prince Albert II de Monaco. Une fin de règne dans le strass et les paillettes.

À la tribune, les invités se succèdent devant les couleurs jaune et bleu du logo de « *Turn Back Crime* » (« Faire reculer le crime »), la toute dernière campagne de communication de l'agence policière, parrainée par le footballeur Lionel Messi, l'acteur Jackie Chan ou encore la star de *Bollywood*, Shah Rukh Khan. En toile de fond, une vidéo retrace « cent ans d'innovation » autour de la coopération policière internationale. Sont mises à l'honneur les images du nouveau complexe mondial d'Interpol pour l'innovation, dédié à la cybercriminalité, qui a ouvert ses portes à Singapour quelques semaines auparavant. Le grand chantier du patron d'Interpol.

Avant de passer la main à l'Allemand Jürgen Stock, Ronald Noble fait le bilan. Il rappelle son impact à la tête de l'agence policière, qu'il a transformée en profondeur. L'homme à la peau métisse et à la moustache taillée n'a pas l'habitude de faire dans la modestie. Un film d'animation, avec un montage 3D un peu *old school*, démarre. Il porte pour titre : *Ronald K. Noble, secrétaire général, principales réalisations 2000-2014*.

Sur une musique épique, digne d'un péplum, la vidéo s'ouvre sur l'image d'un globe terrestre qui se déplace vers Lyon et le siège d'Interpol. Un tapis rouge s'échappe du bâtiment en verre, où défile un nombre : « 412 visites de VIP ». Puis, on reprend de la hauteur, on dézoome sur la carte du monde. Des fléchettes, représentant les drapeaux des pays membres d'Interpol, tombent sur les continents et communiquent entre elles, comme des antennes. Les chiffres tombent alors en cascade. Plus de six milliards de kilomètres parcourus, 190 pays visités, 563 missions, 463 discours, 14 assemblées générales, 112 mémorandums et même… 60 000 pin's distribués. Le film égrène les avancées sous les mandats de Noble : de nouvelles bases de données sur les passeports volés et perdus, sur les images d'exploitation sexuelle des enfants et sur les armes à feu, la création de la base de données I-24/7 ou encore l'arrivée des notices orange de menace imminente. On retient son souffle.

La vidéo se conclut par une citation du patron d'Interpol, en bleue sur fond noir :

« Les lumières d'Interpol ne s'éteindront jamais.

Ronald K. Noble – secrétaire général, 2000-2014. »

Le règne si télégénique du secrétaire américain avait débuté quatorze ans plus tôt, sur l'île d'un célèbre colosse.

Rhodes (Grèce), novembre 2000

À quarante-quatre ans seulement, Ronald K. Noble est élu secrétaire général d'Interpol le 3 novembre 2000 à l'assemblée générale de Rhodes, en Grèce. Son challenger en finale, le Français Michel Richardot, ancien directeur de la police judiciaire en Rhône-Alpes et de l'École nationale supérieure de la police, n'a pas fait le poids. « Les Américains ont fait du lobbying, c'était un rouleau compresseur », nous expliquera en juillet 2013 un ancien cadre de l'organisation. Sans être policier, Ronald Noble devient le premier secrétaire général d'Interpol non européen, et le premier non-Blanc à occuper la fonction. Exit le règne familial, tranquille et gestionnaire du vieux commissaire britannique Raymond Kendall. L'agence policière entre dans une nouvelle ère.

Jeune, brillant, moderne, Noble fait prendre un virage à cent quatre-vingts degrés à une institution encore surnommée « la vieille dame ». Il multiplie les déplacements aux quatre coins du monde, augmente le budget de l'agence et les effectifs, qui passent de 391 salariés en 2001 à 787 en 2014. Dès les premières années, les employés d'Interpol sont emballés. « D'un coup, ça a pulsé, c'était une autre énergie. Et ça m'allait très bien. Car on était vraiment dans une organisation de la préhistoire. On commençait le lundi matin et on finissait le vendredi à 16 heures. Sa venue a été fulgurante », se rappelle un ancien agent français d'Interpol, en poste pendant les premières années de l'ère Noble.

Plusieurs agents nous le confient. Ronald Noble a de l'énergie et du charisme à revendre. Quand on plonge dans les archives de son histoire personnelle, on y retrouve même ce goût de « rêve américain », qui a alimenté tant de récits outre-Atlantique.

Fils d'un concierge et militaire afro-américain et d'une mère allemande, Ronald Kenneth Noble naît en 1956 sur la base militaire de Fort Dix dans le New Jersey. De ses premières années, il gardera le souvenir douloureux du racisme, comme il le rappelle dans son discours d'intronisation à l'assemblée générale d'Interpol de Rhodes.

Nous traversions certains États des États-Unis à la faveur de la nuit, car un Noir et une Blanche ne pouvaient pas être vus ensemble dans une voiture sans risquer de se faire agresser. Je me rappelle encore ma mère nous déposant, mon père, mon frère et moi-même, dans un motel pour Noirs, et se rendant elle-même autre part (...).
Mes parents croyaient également en l'importance de l'éducation. Il y avait une école catholique près de la base militaire où mon père était stationné. C'était une très bonne école. Le problème est que tout le monde était blanc, et que cette école n'avait jamais eu d'élève noir de toute son histoire. Mes parents étaient pourtant décidés à faire rentrer leurs enfants dans cette école. Donc mon père a trouvé un compromis : il s'est engagé à nettoyer les salles de classe, les sols et les toilettes de l'école en échange de l'admission de mon frère. Et si mon frère avait de bons résultats scolaires et ne posait pas de problèmes de discipline au cours de sa première année dans l'établissement, je serais admis l'année suivante (...).
Il m'a été maintes fois prouvé que des gens de pays différents, races, cultures, langues et religions peuvent travailler ensemble dans un but commun. [Applaudissements] Pour cette raison, ce n'est pas à mes parents et à ma famille d'être fiers, mais à moi. Grâce à eux, je ne pourrai tout simplement jamais

accepter qu'il ne soit pas possible de travailler ensemble parce que nous venons de parties du monde différentes ou que nous avons vécu des expériences différentes.

Extrait du discours de Ronald Noble, assemblée générale de Rhodes (Grèce), novembre 2000

Travailleur inlassable, Noble va vite dépasser les barrières sociales et raciales. Au journal de la prestigieuse université Stanford, dont il sortira diplômé de droit avec les honneurs, il rappellera avoir passé presque tous les week-ends de son enfance à récurer les sols et les toilettes avec son père. « Un jour, tu auras des diplômes sur ton mur et tu auras des gens comme moi pour nettoyer les bureaux », lui aurait dit son père, qui avait quitté l'école à quatorze ans. « Quand ce jour viendra, rappelle-toi de les traiter avec respect. »

À sa sortie de l'université, Ronald Noble travaille deux ans, entre 1982 et 1984, aux côtés du juge afro-américain Leon Higginbotham, ardent défenseur des droits civiques. « Je n'ai jamais autant appris sur la précision, l'intégrité et l'engagement pour le service public », confie alors le patron d'Interpol à la revue de Stanford. Doué, il gravit les échelons avec une rapidité sans commune mesure. En 1984, il devient assistant du procureur à Philadelphie, puis en 1988, substitut du procureur général au département de la Justice à Washington. En 1993, le président démocrate Bill Clinton le repère et en fait son sous-secrétaire d'État aux finances. Il a seulement trente-sept ans lorsqu'il se retrouve à la tête du *Secret Service*, l'agence fédérale chargée de la protection des hommes politiques importants, des douanes ou encore du Bureau de l'alcool, du tabac, des armes à feu et des explosifs. En 1998, redevenu simple professeur de droit à la New York University School of Law, il se lance dans une campagne express pour prendre la tête d'Interpol. Noble la remporte haut la main, soutenu par des personnalités de poids, comme le directeur du FBI, Louis Freeh, selon le quotidien américain *The Philadelphia Inquirer*.

Le 11 septembre 2001 sera un tournant majeur pour le nouveau secrétaire général d'Interpol. Quand les tours jumelles s'effondrent, Ronald Noble dirige l'organisation policière depuis moins d'un an. Il n'apprend pas la nouvelle par les services de renseignement ou d'anciens collègues de l'administration américaine, mais par son frère, avocat, en direct au téléphone. Cela lui confirme ce qu'il craignait : Interpol est dépassée.

Après ce traumatisme, les enjeux sécuritaires se redessinent partout dans le monde. Les menaces se complexifient, le terrorisme explose. Pour y faire face, Interpol doit se moderniser, étendre ses moyens de communication, se montrer réactif. « On a commencé à travailler vingt-quatre heures sur vingt-quatre dès le 11 septembre 2001 », explique le Français Jean-Michel Louboutin, directeur exécutif d'Interpol, en conférence de presse à Lyon le 9 juillet 2013. « En 2012, nous avions 46 millions de données disponibles pour les pays membres, soit 17 fois plus qu'en 2000, où nous en avions 2,5 millions. » En 2003, l'organisation policière a mis en place sous l'égide de Stanley Morris le programme I-24/7, un système de communication sécurisé pour les polices du monde entier.

Internet révolutionne le travail d'Interpol. Un centre de commandement et de coordination (CCC), une grande salle de contrôle au cœur du siège lyonnais, est créé en 2003. Véritable poumon d'Interpol, le CCC est désormais l'unité chargée de préparer la première réponse de l'organisation à une demande d'un État membre. Il reçoit ses informations de l'ensemble des polices nationales et des médias, qu'il surveille à travers des écrans géants vingt-quatre heures sur vingt-quatre dans les quatre langues de l'organisation : l'anglais, le français, l'arabe et l'espagnol. Sa réaction est désormais immédiate, de jour comme de nuit, week-ends compris. Deux autres CCC suivront dans le monde, à Buenos Aires, en 2011, et à Singapour, en 2015.

À côté du service I-24/7 et du CCC, Ronald Noble ouvre des représentations aux Nations unies à New York en 2004, et auprès de l'Union européenne à Bruxelles, en 2009. Il crée de nombreuses bases de données et lance avec l'ONU une notice spéciale contre les terroristes d'Al-Qaida et les talibans. Il développe aussi les capacités opérationnelles d'Interpol et envoie une équipe sur le terrain pour identifier les victimes du tsunami de 2004 en Asie du Sud-Est.

En 2007, Ronald Noble mène l'une de ses missions les plus spectaculaires. C'est l'opération « Vico », une traque mondiale sur Internet, qui permet de retrouver un pédophile canadien en Thaïlande en seulement onze jours. Une réussite policière et médiatique, avec près de 15 000 articles de presse à travers le monde.

D'un tempérament charmeur, Noble use et abuse de l'arme de la communication. Des people sont sollicités pour sensibiliser aux crimes internationaux. Par exemple, en 2011 et 2012, les artistes Youssou N'Dour et Chimène Badi chantent pour lutter contre les faux médicaments en Afrique. En 2014, l'acteur Jackie Chan et le footballeur Lionel Messi deviennent les ambassadeurs de la nouvelle campagne de communication d'Interpol, « *Turn Back Crime* ». Des casquettes, des stylos et des bracelets sont produits en masse. Des films ludiques, avec des images de synthèse façon jeux vidéo, sont diffusés sur YouTube. Dans la vidéo anniversaire diffusée à Monaco en 2014, l'agence explique que « chaque tweet, chaque partage, chaque appel téléphonique, chaque personne peut rendre le monde plus sûr ».

Tel un représentant de commerce de la lutte contre le crime, Ronald Noble parcourt le monde pour vendre la marque Interpol. Lors d'une conférence au Royaume-Uni, il offre un T-shirt *Turn*

Back Crime au pape François. À Washington ou à Moscou, dans les fauteuils de Barack Obama et de Vladimir Poutine, il s'affiche aux côtés des dirigeants les plus influents de la planète. À l'Élysée, il reçoit en 2008 la Légion d'honneur des mains du président Nicolas Sarkozy.

En 2011, dans un article du *New York Times*, Ronald Noble est une nouvelle fois cité parmi les prétendants pour prendre la direction du FBI. Deux ans plus tard, un hebdomadaire californien, le *Weekly Valley Vantage*, explique qu'Interpol serait un candidat sérieux au prix Nobel de la paix. Le journal américain cite un ancien ministre libanais, Elias Murr, comme soutien d'Interpol. L'hebdomadaire va même jusqu'à comparer Ronald Noble à Oprah Winfrey, Jay-Z, LeBron James, Beyonce ou Denzel Washington, « ces Afro-Américains qui ont eu un destin exceptionnel, de la gloire et de l'influence ». Sans rougir, Interpol reprend l'article du journal local et l'information en page d'accueil de son site Internet.

L'ambition et la folie des grandeurs de Noble semblent sans limite. À une journaliste du *Monde*, qu'il reçoit à Lyon en 2008, il confie : « Parfois, quand je m'endors, je rêve qu'Interpol arrête Ben Laden ».

Le réveil n'en est que plus rude. En coulisses, Interpol souffre. En modernisant l'organisation, en multipliant les bases de données et en doublant les effectifs, Noble se heurte à un problème structurel : le manque de fonds. S'il parvient à augmenter les contributions statutaires et à multiplier par trois le budget d'Interpol entre 2000 et 2012, passant de 25 millions à 70 millions d'euros, celui-ci reste largement insuffisant pour une organisation internationale de son importance. Les États refusent de relever davantage le montant de leur contribution à Interpol. L'agence doit aussi jongler avec la concurrence d'organisations régionales, comme Europol, plus dotée et plus opérationnelle. « Europol est considérée comme la seule organisation policière transnationale vraiment efficace, même si elle est aussi largement perfectible. D'ailleurs, Europol ne s'y trompe pas et se moque ouvertement d'Interpol. Ils évoquent "Disneypol" en parlant de nous », nous confiera quelques années plus tard un agent d'Interpol qui quittera l'organisation, désabusé.

En 2010, devant les caméras de la chaîne de télévision américaine CNN, Ronald Noble déclare pourtant sérieusement : « Si le budget d'Interpol n'est pas d'un milliard par an, le monde n'est pas sécurisé comme il devrait l'être ». Pour satisfaire ses ambitions, il décide de se tourner vers des partenaires externes, privés ou publics, pour certains à la réputation sulfureuse. La Fifa, la puissante et richissime Fédération internationale de football, est la première d'entre eux. Avec un accord financier de 20 millions d'euros pour lutter contre les paris sportifs illégaux et les matchs truqués, l'association basée à Zurich devient le plus gros partenaire privé de l'histoire d'Interpol. Suivent en 2012 le Comité suprême Qatar 2022, avec un don de 10 millions de dollars pour sécuriser les événements sportifs, puis Philip Morris International et ses dix millions d'euros pour s'attaquer à la contrebande de marchandises. Enfin, en 2013, c'est l'industrie pharmaceutique qui rentre dans la danse, avec une enveloppe de 4,5 millions d'euros pour lutter contre les faux médicaments.

Mais rien n'est gratuit. Ces « mécènes », qui défrayent les chroniques judiciaires et médiatiques, vont flécher les missions d'Interpol en fonction de leurs intérêts.

7

Les secrets d'une clé USB

« Interpol a souvent été présenté comme le méchant qui défendait les intérêts du secteur privé. »

Ronald K. Noble

Genève (Suisse), juin 2013

Quelques jours après la publication de notre enquête dans *Lyon Capitale* et *Die Zeit*, un mystérieux informateur nous a donné rendez-vous devant la gare de Genève, à l'heure du déjeuner. Ce n'est pas le premier anonyme qui nous écrit depuis la sortie de nos articles, qui ont fait beaucoup réagir, en interne comme à l'extérieur de l'agence policière. L'investigation est devenue plus facile. Désormais, il arrive que les sources viennent directement à nous.

L'homme qui nous invite à nous asseoir à la terrasse d'une pizzeria du centre de Genève, à quelques centaines de mètres du lac Léman, est cadre dans l'un des plus grands laboratoires pharmaceutiques au monde. Après nous avoir fait promettre de ne pas révéler son identité, il nous explique pourquoi il sort aujourd'hui du silence. « Sur le trafic de médicaments, Interpol ne fait que de la communication. Elle n'a aucune analyse. Ils nous empêchent de travailler. Et pourtant, c'est une putain de cause de santé publique », s'agace l'informateur. Direct, il va à l'essentiel et pose sur la table du restaurant une clé USB. Son contenu, révèle-t-il, est potentiellement explosif : coulisses de l'accord entre Interpol et l'industrie pharmaceutique, colloques confidentiels, montages financiers, notes sur des agents d'Interpol et rôle clé d'un ancien patron de la police judiciaire française pour favoriser le laboratoire Sanofi.

En l'écoutant, nous comprenons bientôt que le partenariat entre Interpol et l'industrie pharmaceutique trouve son origine deux ans plus tôt. Tout commence lors d'un déplacement officieux de Ronald Noble à Madrid.

Madrid (Espagne), novembre 2011

C'est une rencontre furtive qui n'a fait l'objet d'aucune publicité. Le 10 novembre 2011, à Madrid, Ronald Noble a rendez-vous avec les membres du Dolder Group, un club mystérieux qui regroupe les présidents des 25 plus grandes compagnies pharmaceutiques au monde. C'est Chris Viehbacher, le président du groupe français Sanofi, qui l'a introduit au sein de cette ligue très sélecte.

Devant les géants de la pharmacie, le secrétaire général d'Interpol emploie les grands moyens. Ronald Noble a besoin de fonds pour étendre les missions d'Interpol, il décide donc de ne pas lésiner sur les flatteries. Le temps d'un discours de courtisan, que nous nous sommes procuré, il va mettre de côté le principe d'indépendance de son organisation. Noble parle sans tabou de protéger « l'intégrité des marques pharmaceutiques ».

Chers membres du Dolder Group,

Mesdames et Messieurs,

Chers collègues,

Bonjour.

C'est un réel plaisir pour moi de vous rejoindre ici à Madrid pour cette réunion du Dolder Group (...).
Pour les entreprises du monde entier, l'essor des pays dits "émergents" est synonyme de nouvelles opportunités, car des milliards de personnes entrent dans le marché mondial.
Mais bien sûr, la mondialisation et la mutation économique en cours entraînent également de nouveaux risques.
Un risque majeur auquel l'industrie pharmaceutique est confrontée aujourd'hui est celui posé par le commerce criminel mondial de produits pharmaceutiques contrefaits, faux, fallacieux, faussement étiquetés et illicites (...).
Comme vous le savez, la fabrication, le commerce et la distribution de médicaments contrefaits est une activité transnationale en pleine expansion qui mine les systèmes de santé, affaiblit la chaîne de distribution et menace l'activité des fabricants légitimes comme vous.
Mais face à ce risque, votre industrie n'est pas comme toutes les autres – car la contrefaçon est une menace non seulement pour votre prospérité, mais aussi pour les personnes que vous soignez.
Considérez simplement ce qui suit :
Au cours des quarante dernières années, le terrorisme a coûté la vie à 86 000 victimes innocentes dans le monde. En comparaison, il a été rapporté que près de 200 000 personnes seraient mortes de l'utilisation de faux médicaments en Chine en une seule année !
Indépendamment de l'exactitude de ce chiffre évoqué par la

Public Library of Science Medicine, je pense que nous sommes tous d'accord pour dire que les faux médicaments font des centaines de milliers – si ce n'est des millions – de victimes potentielles chaque année.
Et n'oublions pas un autre effet secondaire, peut-être moins connu, des faux médicaments : le fait que des traitements imprécis, de mauvaise qualité ou illicites peuvent accroître la résistance de certaines maladies, telles que la malaria, et ainsi de nuire à la santé de millions de personnes.
Malgré l'extrême gravité du problème, j'ai été choqué de constater que vous, les PDG des 25 plus grands groupes pharmaceutiques du monde, abordez très rarement le problème publiquement, comme une rapide recherche sur Google me l'a révélé.
Dans la communauté des forces de l'ordre, les chefs de police discutent inlassablement de la gravité du crime et de la nécessité de donner plus de ressources pour la combattre.
Bien sûr, je sais qu'en tant que professionnels de la santé, vous n'avez pas d'autre priorité que d'assurer la santé et la sécurité de vos clients.
Tout comme je sais que votre industrie est très sensible et que la question de la contrefaçon est en effet très complexe à gérer du point de vue de l'entreprise.
Si vous me permettez d'établir un parallèle, je dirais que la question de la contrefaçon des médicaments est pour l'industrie pharmaceutique ce que la sécurité des frontières est pour les forces de l'ordre. Tout le monde semble s'accorder sur le fait que l'intégrité des marques pharmaceutiques, comme les frontières nationales, devraient être protégées, mais dès que vous essayez de le faire, vous êtes accusé de protéger votre propre territoire et de de blesser égoïstement les faibles (...).
INTERPOL comprend le caractère sensible de votre lutte

contre la menace représentée par le trafic mondial de produits pharmaceutiques contrefaits. L'organisation que j'ai l'honneur de diriger est capable de tirer parti de vos ressources pour élaborer une stratégie à plusieurs volets qui protégera à la fois les intérêts de votre entreprise et la sécurité de millions de personnes dans le monde.

Merci beaucoup.

Extraits du discours de Ronald Noble devant le Dolder Group, Madrid, 10 novembre 2011

Cette réunion de Madrid, décisive, n'a fait l'objet d'aucun communiqué de presse sur le site Internet d'Interpol. Il faut dire que le sujet est sensible. Aucun consensus international n'a été trouvé sur une définition de la contrefaçon de médicament. Ronald Noble le sait bien. En 2010, le projet « Impact » contre les faux médicaments, piloté par l'Organisation mondiale de la santé (OMS) et Interpol, avait dû être gelé, notamment sous la pression de l'Inde, de la Thaïlande et du Brésil. La raison ? L'agence policière, comme la plupart des pays occidentaux et des industriels de la pharmacie, avait préféré concentrer ses efforts sur la défense des brevets pharmaceutiques, plutôt que de se pencher sur le contenu des produits alternatifs et leur intérêt éventuel pour la santé publique. Ce qui avait inquiété de nombreux pays en voie de développement, grands pourvoyeurs de médicaments génériques. À Madrid, devant les patrons du Dolder Group, Ronald Noble le reconnaît : « Je dois admettre que, travaillant dans le cadre d'Impact, Interpol a souvent été présenté comme le méchant qui défendait les intérêts du secteur privé. Nous avons aussi rencontré une résistance de la part de certains acteurs du monde de la santé qui ne voulaient pas d'une implication de la police ».

Cette résistance des pays du Sud, des fabricants de génériques et des ONG, face au projet Impact d'Interpol et de l'OMS, tenait pourtant sur des arguments solides. Depuis plusieurs années déjà, Interpol s'était rapproché du secteur privé et de l'industrie pharmaceutique. En 2008, Sanofi finançait l'opération « Storm » d'Interpol en Asie du Sud-Est contre les médicaments contrefaits. L'agence mondiale de police avait également consolidé des partenariats clés avec de nombreuses entités stratégiques de l'industrie comme le Pharmaceutical Security Institute (PSI), un organisme qui regroupe les directeurs de la sûreté des plus grands laboratoires au monde, la Fédération internationale des associations et fabricants pharmaceutiques (IFPMA), ou encore l'Iracm, l'Institut international de recherche contre la contrefaçon de médicaments.

« Interpol applique la justice en faveur des uns, contre les autres », déplore Germán Velásquez. L'ancien directeur du département « Santé publique, innovation et propriété intellectuelle » à l'OMS est devenu conseiller pour l'organisation internationale South Centre, qui défend les intérêts des pays en développement. Nous l'avons rencontré à Genève, à la cantine du siège de l'OMS, en mai 2013. Le militant, surnommé par le journal *Libération* « l'empêcheur de breveter en rond », est farouchement opposé à ce partenariat entre la police et l'industrie, qui léserait les pays fabricants de génériques. « On est en train de créer une ambiguïté entre la falsification d'un brevet d'un côté et les copies de mauvaise qualité de l'autre », alerte Germán Velásquez.

Quelques jours après cette rencontre, Interpol répond à nos questions concernant ce partenariat avec l'industrie pharmaceutique. Publiée dans *Lyon Capitale*, la position de l'agence policière n'est pas sans ambiguïté.

MATHIEU MARTINIÈRE, ROBERT SCHMIDT. Ces industries ne représentent que des pays industrialisés du Nord. Nous savons qu'il reste difficile de trouver un consensus sur la définition de la contrefaçon au niveau mondial, et que des intérêts économiques émergent entre industriels et fabricants de génériques, notamment en Inde ou au Brésil. Comment contrôlez-vous l'influence de l'industrie pharmaceutique dans votre travail, qui a pour but de représenter les intérêts de tous les États membres ? Quelle est votre définition de la contrefaçon ?

INTERPOL. Le programme Interpol sur la criminalité pharmaceutique vise à protéger la santé publique, et nous incitons tous les fabricants de médicaments de marque et génériques, partout dans le monde, à soutenir nos efforts en ce sens. Notre première préoccupation est la santé et la sécurité des patients. Où qu'ils soient, et quels que soient les médicaments qu'ils achètent, il est essentiel que les patients reçoivent des produits légaux et authentiques. Interpol collabore avec les autorités nationales chargées de l'application de la loi et s'appuie sur les définitions applicables dans chaque cas précis dans les pays concernés.

La réalité n'est pas aussi simple. Pouvoir faire la distinction entre le « faux », c'est-à-dire un produit potentiellement dangereux vendu dans un emballage imité, et « le défaut de brevet », soit l'imitation du contenu, qui peut être illégal mais bon pour la santé, n'est pas toujours évident. Pour ajouter de la complexité au problème, les législations varient d'un pays à l'autre. En décembre 2008, un médicament pour réduire l'hypertension artérielle, en provenance d'Inde et à destination du Brésil, a ainsi été bloqué trente-six jours dans le port de Rotterdam. Le générique, de bonne qualité, était légal en Inde et au Brésil, mais pas aux Pays-Bas. Selon le quotidien hollandais *De Volkskrant*, la société pharmaceutique Merck aurait fait pression sur les douanes afin de bloquer la cargaison. Un cas similaire s'est produit à Amsterdam en 2009 avec des vaccins contre le sida à destination du Nigéria. « Le bon côté des choses, c'est qu'Interpol met la main sur des filières criminelles de faux médicaments toxiques, dangereux pour la santé publique », reconnaît Patrick Durisch, responsable santé de l'ONG suisse La Déclaration de Berne[1], que nous interviewons à Lausanne en mai 2013. « Mais, si les mailles du filet sont trop serrées, ça va prendre dans le paquet tous les génériques », s'inquiète ce militant.

Pour Interpol, l'intervention de Ronald Noble à Madrid est dans tous les cas un succès. Moins de deux ans après le discours du secrétaire général devant le Dolder Group, un accord est définitivement scellé. En mars 2013, les 29 plus grandes compagnies pharmaceutiques au monde allouent une enveloppe de 4,5 millions d'euros sur trois ans à Interpol, pour lutter contre le trafic illégal de médicaments.

Une association suisse proche de l'industrie, Interpharma, doit assurer la coordination du partenariat. Thomas Cueni, son directeur, nous accueille à bras ouverts dans ses bureaux à Bâle, en mai 2013. Confiant, il nous explique avoir « entendu M. Noble parler à ce sujet. Son message, c'est qu'on a besoin d'une initiative et que comme toutes les organisations internationales, le budget d'Interpol a une croissance faible ». Le lobbyiste suisse nous révèle alors les dessous de l'accord. « Entre Interpol et nous, il y aura des échanges d'informations, de la formation et des conférences internationales pour sensibiliser les gens », se félicite-t-il.

Tout un programme, que nous découvrirons dans les détails quelques semaines plus tard. Sur une petite clé USB.

1. L'ONG « La Déclaration de Berne » a changé de nom en 2016, devenant « Public Eye ».

Lyon (France), juin 2013

De retour au bureau après notre mystérieux rendez-vous de Genève, nous analysons, document par document, le contenu de cette clé USB. Notre informateur anonyme n'avait pas menti sur son contenu. La répartition du financement, les comptes rendus de réunion du « comité technique » ou du « comité de coordination », les missions, les plannings des opérations, le discours de Ronald Noble au Dolder Group... Nous avons là toute la genèse du partenariat entre Interpol et les géants de la pharmacie, officialisé en mars 2013. Les documents confirment très rapidement nos premiers doutes : Interpol est devenue malgré elle une police de l'industrie pharmaceutique. Le nom du programme, « Initiative de l'industrie pharmaceutique pour combattre le crime » (PIICC), parle de lui-même.

Dans le projet initial, Interpol cible quatre modules clés du partenariat : l'enquête et les données, les opérations, les formations et la sensibilisation. Dès le premier module est évoquée la possibilité d'un « partage d'informations ». Le 29 mai 2013, à l'issue d'une réunion au siège du groupe Sanofi à Paris, le comité technique du projet estime que « l'échange d'informations, dans les deux sens entre Interpol et les entreprises pharmaceutiques, est possible conformément à un accord et une phase pilote. Interpol travaillera avec PSI[1] et/ou chaque compagnie pharmaceutique pour établir un accord et un projet pilote pour partager les informations ».

En septembre 2013, pour un article à paraître sur le site *Mediapart*, nous questionnons le secrétariat général d'Interpol sur ce projet d'échange de données et sur d'autres aspects du programme,

1. Le Pharmaceutical Security Institute (PSI), qui regroupe les directeurs de la sûreté des plus grands laboratoires pharmaceutiques au monde.

comme la formation. La direction de l'agence policière contourne nos questions, et répond à côté.

> INTERPOL. Au terme de cet accord conclu pour une période de trois ans, Interpol recevra 4,5 millions d'euros qui seront intégralement investis dans des activités pilotées par l'organisation, entre autres dans le domaine du renforcement des capacités et de la formation, et sous la forme d'opérations conjointes associant autorités sanitaires et services chargés de l'application de la loi. Ce financement n'a bénéficié et ne bénéficiera à aucun organisme tiers. Avant la conclusion de cet accord, Interpol a bénéficié d'un soutien – à la fois financier et autre – de la part de plusieurs laboratoires pharmaceutiques, lequel avait notamment trait à leur expertise en matière de détection des faux médicaments. En résumé, Interpol a déjà travaillé et continuera à travailler avec les secteurs public et privé dans le respect de sa réglementation, tout en renforçant la coopération policière internationale autant qu'il est possible, partout dans le monde.

Nous n'en saurons pas plus sur ce « partage d'informations ». Mais les fichiers issus de la clé USB vont nous révéler les dessous de la partie « formation » du programme. Selon « les termes et conditions » de l'accord, Interpol se donne pour objectif de « développer durablement les capacités des policiers, des douanes, des autorités de contrôle des médicaments, des juges et des autres entités gouvernementales compétentes ». De plus, l'agence policière veut se concentrer « sur l'identification et la correction de la faiblesse des législations nationales et des chaînes de traçabilité vulnérables, qui rendent difficiles la détection de crimes pharmaceutiques et la poursuite judiciaire des coupables ». Les formations se feront en coopération avec l'Institut international de recherche contre la contrefaçon de médicaments (Iracm), un organisme piloté par

Sanofi. Autrement dit, l'industrie pharmaceutique aura la possibilité de jouer de son pouvoir d'influence auprès des autorités du monde entier, en particulier dans les pays aux législations nationales dites « faibles ».

La « sensibilisation » à la lutte contre les médicaments contrefaits, elle, doit passer pour Interpol par plus de communication et par la participation à de grands événements internationaux. « Interpol organisera des conférences biennales, régionales et mondiales pour obtenir le support des décideurs, lequel est essentiel pour combattre les crimes pharmaceutiques efficacement, notamment la contrefaçon de produits médicaux. Les conférences permettront aux autorités et autres parties prenantes d'échanger sur les meilleures pratiques et expériences, de discuter des législations en vigueur et de faire des recommandations pour améliorer les outils légaux existants », peut-on lire dans un document de travail du projet. Là aussi, il s'agit de convaincre.

La clé USB n'a pas encore livré tous ses secrets. En parcourant les fichiers, nous comprenons vite que le lien entre Interpol et l'industrie pharmaceutique n'aurait pu se faire aussi facilement sans l'appui et le réseau du groupe Sanofi.

Voilà plusieurs années qu'Interpol s'est rapproché du premier laboratoire français, l'un des plus grands groupes pharmaceutiques au monde. Avant même l'accord entre l'agence policière et les géants de la pharmacie, Sanofi finançait des projets d'Interpol. Avec l'opération « Storm », l'industriel a aussi financé l'initiative internationale « Pangea » contre les faux médicaments vendus sur Internet.

Dans une réponse par mail en septembre 2013, le groupe Sanofi nous explique son attachement à la lutte contre la criminalité pharmaceutique.

SANOFI. La lutte contre la contrefaçon des médicaments est un engagement majeur pour Sanofi. Le Groupe s'est doté dès 2007 d'une cellule de coordination centrale qui regroupe les experts internes concernés par le médicament falsifié.

Les médicaments contrefaits sont un véritable danger pour la santé des patients et le crime organisé s'y intéresse de plus en plus. Face à cette situation, les laboratoires pharmaceutiques travaillent avec des organismes internationaux dont c'est la mission, comme Interpol ou l'Organisation Mondiale des Douanes.

Sanofi et Interpol entretiennent d'excellents rapports depuis des années grâce à un homme : Jacques Franquet. Ancien « grand flic », il est devenu directeur de la sûreté du laboratoire pharmaceutique. Né en Algérie, Jacques Franquet avait été commissaire au service régional de la police judiciaire (SRPJ) de Lyon en 1969, avant de prendre la direction du SRPJ d'Ajaccio en 1979. Il avait ensuite dirigé les « stups » de l'Octris[1], en 1981, puis l'unité de coordination antiterroriste du ministère de l'Intérieur en 1987. Six ans plus tard, il était soudain promu « premier flic de France », en tant que directeur central de la police judiciaire, par le ministre de l'Intérieur Charles Pasqua. Il doit démissionner en 1995 pour avoir mis sur écoute le beau-père du juge Halphen dans l'affaire des HLM de Paris. En 2005, échouant à prendre la tête d'Europol, il abandonne sa carrière de « grand flic », se dirige vers le privé et entre à Sanofi comme directeur de la sûreté, chargé de la lutte contre les faux médicaments.

Ce réseau policier a permis de faire entrer dans le jeu un autre acteur, basé à Paris : l'Institut international de recherche contre la contrefaçon de médicaments, l'Iracm. Cette entité, qui assure des formations avec Interpol, a été créée en 2010 par Jacques Franquet,

1. Office central pour la répression du trafic illicite des stupéfiants.

alors en poste chez Sanofi. Sur son site Internet, cette association « à but non lucratif » se présente comme « le seul organisme international indépendant qui a pour vocation exclusive de lutter contre la contrefaçon et la falsification de médicaments et cela par le biais notamment de l'information, de la prévention et de la formation ». De son côté, Sanofi nous explique que « l'Iracm est un institut autonome dont la mission est notamment de conseiller et former les autorités et les services engagés dans la lutte contre le trafic de médicaments contrefaits ».

Après quelques recherches, nous comprenons vite que l'Iracm n'a rien d'« indépendant » ou d'« autonome ». En 2013, l'institut est financé à 80 % par Sanofi. Jacques Franquet est à la fois directeur de la sûreté de Sanofi et directeur de l'Iracm, de sa création en 2010 jusqu'au 1er juillet 2013, lorsqu'il prend officiellement sa retraite. En choisissant l'Iracm pour assurer le volet formation de son programme de lutte contre les faux médicaments, Interpol légitime et favorise donc son précieux partenaire Sanofi. En proposant avec Interpol des formations aux autorités policières, notamment dans les pays émergents, Sanofi, de son côté, renforce ses réseaux partout dans le monde.

L'association entre l'Iracm et Interpol n'a d'ailleurs pas toujours été vue d'un très bon œil du côté des entreprises concurrentes de Sanofi. Comme le révèle un courrier daté de mai 2012, Ronald Noble a demandé dans un premier temps au Dolder Group un financement de 26,7 millions d'euros sur dix ans, avec des cycles d'implémentation de trois années. Il n'obtiendra finalement « que » 4,5 millions d'euros sur une première période de trois ans. C'est à la fois peu et bien assez pour les grandes compagnies pharmaceutiques, qui voient surtout en Interpol une belle marque pour redorer leur blason. Eux possèdent déjà sur les terrains difficiles des équipes d'enquêteurs, d'anciens policiers, militaires ou officiers de renseignement, qui remplacent parfois les autorités de contrôle.

Pour plusieurs observateurs, les investigations d'Interpol sur la criminalité pharmaceutique s'apparentent trop souvent à des opérations de communication. « Pangea », « Cobra », « Mamba », « Giboia », autant d'enquêtes contre la contrefaçon de médicaments menées à grand renfort de communiqués de presse, de chiffres et de vidéos spectaculaires.

Comme une véritable agence de communication, Interpol possède sa propre chaîne YouTube. Dans un clip vidéo enregistré pour la campagne « *Proud to be* » en 2011, l'artiste sénégalais Youssou N'Dour chante sur fond d'images de policiers armés, munis de gilets pare-balles au logo d'Interpol, démantelant d'obscurs trafics de médicaments en Afrique. Des scènes dignes des meilleurs films d'action, mais complètement surréalistes quand on connaît le rôle non opérationnel d'Interpol. En interne, cette communication fait parfois sourire, mais souvent irrite, car elle décrédibilise l'ensemble des missions de l'agence policière. « C'est comme *Turn Back Crime* », soupire un agent d'Interpol. « Jackie Chan et Lionel Messi, les gens ont rigolé... Lutter contre le crime avec Jackie Chan, défenseur de l'humanité, non, mais sérieux ? On se croirait dans un Walt Disney. Il faut avoir cinq ans pour y croire. »

Ces découvertes confortent nos premiers articles. Nous avions visé juste. Cependant, nous n'allons pas tarder à découvrir que notre récente visibilité médiatique ne va pas sans inconvénient.

8

Un scoop à 10 000 dollars

« L'idée de relier des polices nationales entre elles est géniale. Mais nous ne pouvons pas nous couper de la morale. »

« *Fabio* »

Lyon (France), juin 2013

« Vous vous rendrez à la gare de la Part-Dieu. Ensuite, je vous dirai quel train prendre. » Ce message, digne d'un roman d'espionnage, vient d'un agent d'Interpol. Quelques jours plus tôt, il avait adressé un mail au rédacteur en chef de *Lyon Capitale*.

Bonjour,

Bravo aux deux journalistes pour l'article sur Interpol. Je travaille pour cette organisation et je voudrais savoir si l'un des deux journalistes est intéressé pour approfondir sur la mauvaise gestion d'Interpol.

Contactez-moi si c'est le cas.

Merci d'avance.

Nous ne cachons plus notre enthousiasme. Trois semaines seulement après la publication de notre enquête, des sources policières et institutionnelles, si réticentes d'ordinaire à parler aux journalistes, viennent à nous. Nous apprenons que nos premiers papiers ont fait beaucoup de bruit en interne. En Allemagne, l'article dans *Die Zeit* a été apprécié par les plus hauts dirigeants du BKA, la police criminelle allemande. En France, le dossier de *Lyon Capitale* aurait beaucoup circulé au sein du secrétariat général. « Quand les gens menacent d'aller à la presse, ils parlent toujours de *Lyon Cap* », nous expliquera quelques années plus tard un agent d'Interpol. Pour ses employés, notre enquête soulevait des questions légitimes. Et puis, nous étions pour eux un motif de curiosité. Pour une fois, des journalistes ne se contentaient pas de reprendre leurs communiqués de presse, mais prenaient le temps d'enquêter en profondeur sur l'organisation et ses missions.

La Part-Dieu est la gare principale de Lyon. Patientant dans le hall bondé, où se croisent des voyageurs des quatre coins de la France, nous recevons sur notre smartphone un mail anonyme. Comme prévu. Le message indique que nous devons prendre le prochain train à destination de Genève. L'informateur nous attendra à un arrêt.

Nous suivons les instructions et sautons dans le premier train vers la Suisse. Puis, nous conformant au message, descendons sur le quai d'une gare quasi déserte. L'agent d'Interpol est déjà là. Seul sur le parking, sous un soleil estival. Sa première poignée de main est chaleureuse. « Allons prendre un verre en terrasse », propose-t-il avec un sourire bienveillant.

Nous baptiserons cet agent Fabio, comme Fabio Montale – le policier idéaliste de la trilogie culte de Jean-Claude Izzo. « Je devrai rester en off, car je n'ai pas le droit de m'exprimer dans la presse », explique Fabio, sans préambule. « Si je vous parle aujourd'hui, c'est que j'estime qu'il est nécessaire de travailler à Interpol. L'idée de relier des polices nationales entre elles est géniale. Mais nous ne pouvons pas nous couper de la morale. »

La confiance est quasi immédiate. Fabio ne semble pas habité par l'amertume ou la vengeance, mais par des valeurs éthiques. Pendant quelques années, il va devenir l'une de nos principales sources. Un simple doute et nous nous voyons, souvent dans des lieux différents : un appartement lyonnais, le parking d'un supermarché, le café d'une gare de province ou dans la brasserie d'un centre commercial. Fabio est un puits d'informations. De détails, d'anecdotes et de documents. L'agent a connu l'effervescence des premières années de Ronald Noble à Interpol. « C'était le jour et la nuit entre Kendall et Noble. Avant, la communication, c'était téléphone et fax. Avec Noble et l'arrivée d'Internet, tout s'est accéléré », raconte Fabio.

Dès notre première rencontre, l'agent va droit au but. Il tire un bout de papier de sa poche, une feuille blanche A4 griffonnée au stylo-bille, qu'il déplie dans le sens de la hauteur. Mauvaise gestion financière, pantouflage, conflits d'intérêts, favoritisme : il déroule une liste non exhaustive, nominative et détaillée, de dysfonctionnements présumés au sein de l'agence mondiale de police. « Oui, Noble a modernisé Interpol », soupire Fabio. « Mais au troisième mandat, ça a dégénéré. »

Profitant du calme de l'été, nous allons chercher à vérifier les informations de Fabio auprès d'autres employés. C'est encore notre point faible à ce stade de l'enquête. Nous manquons de sources en interne. Peu d'agents sont prêts à parler, par devoir de confidentialité mais aussi par peur de perdre une situation confortable. Pendant des semaines, nous listons des dizaines d'employés d'Interpol connus sur le web, notamment via le réseau social LinkedIn. Nous ajoutons des noms donnés par Fabio, ceux susceptibles de parler. Nous ciblons les anciens agents, les retraités, les contrats courts et les stagiaires, les plus prompts à contourner la clause de confidentialité. La plupart refusent, s'excusent ou fuient nos appels. À force d'obstination, nous allons tout de même rencontrer, entre juillet et août 2013, une dizaine d'agents d'Interpol. De nationalités différentes. Toujours en poste ou non. À Lyon ou ailleurs en Europe. Les lieux de rendez-vous sont plus ou moins discrets : des parkings, des péniches, des fast-foods, des villas cossues ou des appartements modestes, des terrasses ou des gares bondées. Les propos sont tenus souvent en off, autour d'un repas, d'un verre ou d'un café. Beaucoup de cafés.

Certains employés nous contactent directement. Début juin 2013, un premier agent mystère d'Interpol, un certain « Sam Lander », nous avait proposé une rencontre. Dans un lieu à l'abri des regards.

De : Sam Lander
Envoyé : 05.06.13 20 :04
À : Robert Schmidt
Objet : Re : Re : Conversation téléphonique de ce jour

Rebonjour Robert,

Pas de problème si Mathieu se joint à nous. Je pensais qu'il le ferait. Le lundi, je suis occupé à d'autres tâches, mais tous les autres jours, c'est bon. Quant au lieu, il est assez proche de l'endroit où vivent de nombreux collègues d'INTERPOL et où se trouve également le médecin d'INTERPOL. Je suis généralement reconnu, ce que je préférerais ne pas faire ce jour-là.

Au risque de paraître complètement paranoïaque, mais mieux vaut prévenir que guérir, je soupçonne que vous êtes tous les deux sous observation discrète après votre article, qui a fait grand bruit dans la Maison (pas pour vous nuire, mais probablement pour voir qui sont vos sources, INTERPOL et autres). Je comprends que cela vous fasse sourire, mais je préfère éviter toute conséquence qui pourrait être désastreuse pour mes proches. Je propose donc que nous nous rencontrions dans un endroit excentré.

J'attends vos suggestions.

Exauçant les vœux de discrétion de Sam, nous lui donnons rendez-vous à Villeurbanne, où nous habitons tous les deux, dans la banlieue de Lyon. Nous choisissons un bar-tabac tranquille, près de l'entrée du périphérique. À notre entrée dans le troquet, une femme apprêtée repose un roman à l'eau de rose, puis nous fait signe, discrètement, de la rejoindre. S'exprimant en anglais, elle commence à nous raconter, devant un café, son départ d'Interpol et son bras de fer avec la direction, qu'elle estime corrompue. Sam dit avoir des preuves. Elle promet révélations et documents explosifs sur des affaires de pots-de-vin en Asie, impliquant les plus hauts cadres de l'organisation mondiale de police.

Mais cela a un coût. Pour voir les documents, il faudra lui verser de l'argent, annonce Sam sans sourciller. Dans un premier temps, nous ne savons pas comment réagir. Les noms des responsables d'Interpol et la précision de certains détails prouvent que Sam connaît très bien l'institution. Mais doit-on payer pour des informations, même d'intérêt public ? La pratique existe, notamment dans la presse anglo-saxonne, à la télévision ou dans les journaux people. En l'occurrence, au vu de notre maigre expérience, c'est la première fois que le problème se présente à nous. Quelques heures plus tard, nous demanderons conseil à *Lyon Capitale* puis à *Mediapart*, avec qui nous collaborons désormais sur cette enquête. Les deux médias nous feront la même réponse catégorique : jamais nous ne payons pour des documents.

Sur le moment, par précaution et peut-être une certaine éthique, nous opposons à Sam que cela nous paraît difficile d'acheter des informations, ne serait-ce que pour des raisons d'indépendance vis-à-vis de nos sources. Sans même parler de nos comptes en banque de pigistes, constamment dans le rouge. En réponse, le regard de l'informatrice s'obscurcit. « Tant pis, les médias anglais, eux, payeront pour mes informations ! Ils achètent des scoops pour 10 000 dollars ! » s'emporte Sam. Nous décidons de concert d'en rester là et quittons le bar-tabac. Il va sans dire que nous n'avons jamais vu le moindre scoop de cette nature sortir dans la presse britannique.

Cette fois, la mésaventure est sans conséquence. Malheureusement, il arrive aussi que la situation dégénère.

Lyon (France), juillet 2013

Les photographes sont positionnés au pied du podium, prêts à déclencher. Tous les objectifs sont braqués sur celui qui vient de faire son apparition à la tribune. Manuel Valls, costume noir et cravate bleue, est l'homme fort du gouvernement. Ce 8 juillet 2013, le ministre de l'Intérieur est venu inaugurer au Centre de congrès de Lyon, dans le quartier de la Cité internationale, le forum *Technology Against Crime* (TAC). L'événement, coorganisé par la place Beauvau et Interpol, est présenté à la presse comme le premier « Davos de la sécurité ». Il réunit des patrons de l'industrie de la défense, des experts en sécurité et des policiers du monde entier. Carnet de notes en main, les journalistes locaux ont déjà repéré aux côtés de Manuel Valls le sénateur-maire de Lyon, Gérard Collomb, bientôt en campagne pour sa réélection aux municipales.

Mais peu de reporters ont remarqué la présence d'un troisième homme, assis dans l'ombre des deux barons socialistes.

Le photographe Alexander Roth-Grisard, vingt-trois ans, saisit l'occasion. Lui connaît l'importance de ce troisième personnage, métis de peau, fine moustache élégante et costume gris anthracite. Il identifie sans peine Ronald Noble, le patron américain de l'organisation internationale de police criminelle. Franco-Allemand et correspondant à Lyon pour plusieurs grandes agences de presse, Alexander sait qu'il tient plusieurs photos exclusives pouvant intéresser les médias internationaux. Sans hésitation, il shoote en rafale. Derrière le crépitement des flashs, un homme agrippe fermement le bras du jeune photographe : « Monsieur, vous pouvez me suivre, s'il vous plaît ? »

Surpris, Alexander se laisse conduire dans un couloir attenant. L'homme, en costume, en impose. Sur la poitrine de sa veste repose un pin's bleu avec l'emblème d'Interpol, un globe terrestre entouré de branches d'olivier, du glaive de la police et de la balance de la justice. À l'abri des regards, il tente de l'intimider :

— Monsieur, vous savez pourquoi vous êtes ici.

— Aucunement. Pourquoi je suis là ?

— Montrez-moi vos images !

— …

— Allez, montrez-moi ces images. Simple contrôle des photos.

Alexander refuse, interloqué. Le ton monte. L'homme au pin's bleu sort son portefeuille et le déplie, comme dans les films. Alexander y lit « Police nationale » avec le liseré bleu-blanc-rouge. Le photojournaliste réplique et montre ses deux cartes de presse, française et allemande. Agacé, le policier hausse la voix :

— Vous connaissez MM. Martinière et Schmidt ? Vous êtes avec eux ?

Une attachée de presse d'Interpol arrive en renfort. Elle tente d'arrondir les angles :

— Allez, Alexander, s'il vous plaît, vos photos de M. Noble, montrez-les-moi, demande-t-elle poliment.

Sidéré, le photographe s'entête dans son refus. Dûment accrédité, il ne fait que son travail. La discussion s'essouffle, le policier quitte la pièce. Pressé d'en finir, Alexander finit par céder et montre ses photos à l'attachée de presse.

Quand nous croisons Alexander dans la salle de conférence, quelques minutes plus tard, il tremble. Nous n'avons pas l'habitude de le voir dans cet état. Le photographe est un ami, mais il ne travaillait pas avec nous sur cet événement. Il nous raconte la scène, et nous décidons aussitôt d'en faire un article, publié le soir même sur le site Internet de *Lyon Capitale*. Ce jour-là, nous avons eu aussi la désagréable sensation d'être épiés. Nos rapports avec Interpol commencent à se tendre sérieusement.

Quelques semaines plus tôt, nous avions publié un nouvel article sur le partenariat entre Philip Morris et Interpol sur le site *Slate*. L'organisation policière avait aussitôt fait valoir son droit de réponse, par un communiqué qui se terminait ainsi :

> *Cet article ne rend pas service aux lecteurs de Slate.fr en cédant aux pires théories du complot et en érigeant des allégations fantaisistes en faits. Il est toujours regrettable de voir des « journalistes » mal informés essayer de se faire un nom en tentant de salir celui d'INTERPOL.*
>
> *Interpol.HQ*

Pour Interpol, nous étions des journalistes entre guillemets. Depuis des mois, l'agence policière conteste systématiquement le sérieux de nos articles, pointant du doigt notre manque d'expérience, sans apporter de réels démentis sur le fond. L'organisation exploite la moindre approximation dans nos questions pour nous discréditer, parfois de manière menaçante. Et pourtant, Interpol ne recourra jamais au levier qui s'impose quand « des journalistes » ternissent votre réputation : la justice. On pouvait s'attendre à ce qu'une institution policière n'hésite pas à engager des poursuites. Mais pendant les années qui suivront, nous allons publier des dizaines d'articles sur l'agence internationale et ses partenaires, en France, en Allemagne, en Suisse et en Autriche. Nous ne serons jamais attaqués en diffamation.

Au contraire, notre travail est continuellement encouragé. Il est légitimé par de nombreux agents d'Interpol, dont des anciens dirigeants. Nous gardons aussi la confiance de rédacteurs en chef aguerris. Puis, en juillet 2014, une rencontre va apporter un coup d'accélérateur à notre investigation.

De passage dans les locaux de *Lyon Capitale*, le producteur Jérôme Duc-Maugé nous propose d'adapter notre enquête en documentaire coproduit par Arte. Le projet est séduisant, nous n'hésitons pas longtemps. C'est le début de quatre nouvelles années de terrain, qui nous conduiront dans une dizaine de pays, de Lyon jusqu'aux Balkans, en passant par l'Inde et le Qatar.

9

Une lettre explosive

« *Pourquoi ne pas faire d'Interpol une sorte de service secret pour la Fifa ?* »

Sepp Blatter

Lyon (France), mars 2014

Une source haut placée au sein du BKA, la police criminelle allemande, nous avait mis sur la piste. « C'est une bombe, quelque chose d'exceptionnel. »

Voilà plusieurs mois que nous sommes à la recherche de ce document « explosif ». Selon nos informations, il s'agirait d'une lettre, expédiée à Interpol par les patrons de plusieurs polices européennes. Le contenu serait rude pour l'agence policière. Il remettrait en question la politique de partenariats privés de l'organisation. Différentes sources policières ont refusé de nous communiquer ce document. Alors, comme souvent, nous devons emprunter des chemins de traverse. La « bombe » nous arrive finalement quelques mois plus tard, autour d'une bière belge.

Il n'y a pas foule au Café des Arcades, une brasserie centrale de la presqu'île, en cette soirée de mars. Du bistrot, nous pouvons apercevoir l'étrange place Louis-Pradel, ses pavés appréciés par les skateurs, et l'opéra de Lyon, dont le dôme a été construit par Jean Nouvel.

Nous avons rendez-vous ce soir-là avec un haut fonctionnaire, de passage à Lyon. L'homme commande une Leffe à la pression, nous suivons. Après une conversation générale sur le fonctionnement d'Interpol, notre interlocuteur nous remet une copie du précieux document que nous convoitons depuis des mois. La fameuse lettre des « grands flics » européens. « Nous n'avons pas la même conception que Noble sur la Fifa », reconnaît ce précieux informateur.

Le document que nous récupérons révèle une fronde policière inédite. Le 11 juin 2012, les patrons de police de l'Allemagne, des Pays-Bas, de l'Autriche, de la Belgique, du Danemark, de la Finlande, de la Suède, de la Norvège et du Luxembourg adressent un courrier sévère au secrétaire général Ronald Noble et au président d'Interpol, le Singapourien Khoo Boon Hui. En anglais, ces neuf « grands flics » s'interrogent sérieusement sur « l'intégrité » et « la réputation » d'Interpol.

ICPO-INTERPOL
Le secrétaire général
Mr Ronald K. Noble
200, quai Charles de Gaulle
69006 Lyon
France

cc

Mr Khoo Boon Hui
Président d'Interpol
Secrétaire adjoint principal
New Phoenix Park
25 Irrawaddy Road
Singapore 329 560

Cher M. Noble,

À la lumière des agendas de notre récente conférence des responsables des BCN[1] *et de la 41*e *conférence régionale européenne, des présentations et des discussions autour des sujets « Coopération avec la Fifa » et « Gala Interpol pour un monde plus sûr » et, enfin et surtout, des informations non confirmées à propos d'une possible coopération avec Philip Morris International Inc., nous souhaitons exprimer notre préoccupation sur un développement qui pourrait endommager la réputation d'Interpol(…).*

Pour commencer, permettez-nous de vous rappeler que, en général, les autorités policières en Europe s'interdisent d'accepter des dons des citoyens et de l'industrie. Ceci pour sauvegarder leur indépendance, leur neutralité et leur intégrité. La coopération d'Interpol avec la Fifa est regardée avec beaucoup de scepticisme dans de nombreux pays européens dû aux nombreuses allégations de corruption qui ont été portées contre les dirigeants de la Fifa. Comme une conséquence de ces allégations, les politiques, les médias et les organisations non-gouvernementales ont à plusieurs reprises demandé des enquêtes aux BCN. La coopération avec la Fifa ouvre sans doute des chances pour le développement d'Interpol. Cependant, comme ces chances sont aussi associées à des risques pour la réputation de notre organisation, nous aurions dû nous attendre, au moins, à des discussions sur le sujet lors d'une rencontre du Comité exécutif avant la décision du Secrétaire général. Mais, aussi loin que nous sommes au courant, le sujet n'a pas été débattu (…).

Les signataires ne sont pas fondamentalement opposés à l'acceptation de donations en général, et de la coopération

1. Bureaux centraux nationaux d'Interpol.

avec la Fifa dans ce cas précis. À notre avis, cependant, les organisations partie prenantes doivent assurer la pleine divulgation et la transparence au public, au regard de l'origine et de l'utilisation de ces fonds. Pour le moment, nous ne pensons pas que cela puisse être garanti (…).

Extraits de la lettre signée par Jörg Ziercke, président de l'office fédéral de la police criminelle allemande, P. M. Zorko, cheffe par intérim de l'agence de police des Pays-Bas, Franz Lang, directeur du service de renseignement criminel d'Autriche, Catherine De Bolle[1]*, commissaire générale de la police fédérale belge, Jens Henrik Højbjerg, commissaire de la police nationale danoise, Mikko Paatero, commissaire de la police nationale finlandaise, Romain Nettgen, directeur général de la police du Grand-Duché luxembourgeois, Øystein Mæland, commissaire de la police nationale norvégienne, Bengt Svenson, commissaire de la police nationale suédoise.*

Si cette lettre ne va pas remettre en question les partenariats avec la Fifa ou avec Philip Morris, elle produit tout de même son effet au sein de l'organisation policière. À l'assemblée générale de Rome, en novembre 2012, Ronald Noble se voit contraint de créer un groupe de travail sur les donations du secteur privé à Interpol. On parle désormais « intégrité » et « réputation » au sein de l'agence policière. Noble confie la tête de ce groupe au vice-président du BKA, l'Office fédéral de la police criminelle allemande. Le gradé, discret, peu charismatique, est encore méconnu dans les rangs d'Interpol.

Son nom est Jürgen Stock.

1. Depuis 2018, Catherine De Bolle est la directrice exécutive d'Europol.

Zurich (Suisse), mai 2011

Cette fronde des « grands flics » européens a d'abord été provoquée par une simple poignée de main. Le 9 mai 2011, à quelques jours de l'élection du nouveau président de la Fédération internationale de football, une conférence de presse a été improvisée au siège de la Fifa, à Zurich. Dans un geste choral, presque synchronisé, Ronald Noble, le patron d'Interpol, et Sepp Blatter, le président de la Fifa, retirent leurs lunettes puis se lèvent à l'unisson. Comme deux vieux amis de longue date. Souriant, tenant ensemble le contrat qu'ils viennent de signer, ils consolident leur alliance par une longue poignée de main. Ronald Noble paraît penaud, tandis que Sepp Blatter a le regard rusé d'un vieux briscard en campagne. Devant les journalistes et les photographes, qui immortalisent la scène, l'accord est scellé. 20 millions d'euros sur dix ans vont être débloqués par la Fifa afin de financer un programme d'Interpol pour l'intégrité dans le sport, ciblant en particulier les paris illégaux et les matchs truqués.

C'est la somme la plus importante qu'ait jamais reçue l'organisation mondiale de police d'une institution privée. « Une contribution historique », selon le communiqué de presse d'Interpol. Un centre de formation Fifa, dédié à la lutte anticorruption, doit même ouvrir au sein du nouveau complexe mondial d'Interpol à Singapour, le grand chantier de Ronald Noble. Sur le papier, les intentions sont légitimes. La criminalité sportive est une pratique répandue, un fléau dans certaines parties du globe. Selon Interpol, les paris sportifs illégaux représentent même chaque année des centaines de milliards de dollars. « La Fifa a franchi une étape importante en vue de préserver l'intégrité du football dans le monde entier », déclare fièrement Ronald Noble, pendant la conférence de presse. Il y annonce un but commun avec la Fédération internationale de football, celui de « préserver le sport le plus populaire dans le monde des influences corruptrices de la criminalité organisée transnationale ». Les mots sont forts. Et pour le moins osés.

Le journaliste d'investigation allemand du quotidien *Süddeutsche Zeitung*, Thomas Kistner, se souvient très bien de cette étrange conférence de presse. Spécialiste des arcanes de la corruptible Fifa, dont il tirera un livre best-seller en Allemagne, *Fifa Mafia* (2012), il va consacrer tout un chapitre à cette alliance contre-nature entre Interpol et la Fédération internationale de football. Lors de la conférence de presse au siège de la Fifa, il note cette phrase ambiguë prononcée par Sepp Blatter : « Pourquoi ne pas faire d'Interpol une sorte de service secret pour la Fifa ? » À ses côtés, Noble ne réagit pas.

Selon le journaliste allemand, l'accord entre Interpol et la Fifa a été bricolé à la va-vite, en une semaine seulement. Ronald Noble justifie cette hâte auprès du journaliste allemand par l'urgence de limiter les effets délétères des matchs truqués à Singapour, où le nouveau complexe d'Interpol doit sortir de terre. Dans les faits, le patron de l'agence policière a surtout de réels problèmes d'argent. En 2010, Interpol affiche un déficit de plus de deux millions d'euros. Ce partenariat avec la Fifa, le premier gros contrat d'Interpol avec le secteur privé, apparaît comme une chance inespérée pour consolider les comptes et poursuivre le développement de l'agence policière.

Le problème est qu'en mai 2011, au moment où Ronald Noble appose sa signature, l'orage gronde déjà au-dessus des hauts dirigeants de la Fifa, soupçonnés de corruption à l'échelle internationale. « La Fifa a besoin d'aide et c'est utile de coopérer avec Interpol, mais le moment était bizarre. La Fifa était en pleine campagne, une campagne sale. Il y avait des accusations de corruption, de dessous-de-table », se souvient Guido Tognoni, un ancien conseiller de Sepp Blatter à la Fifa, que nous joignons par téléphone en juin 2013.

Une décennie plus tôt, en 2002, dans un rapport confidentiel, le secrétaire général de la Fifa Michel Zen-Ruffinen dénonçait déjà de l'intérieur une institution qui « fonctionne comme une dictature ». « Ce n'est plus une organisation honnête et structurée », estimait l'administrateur suisse. « C'est une organisation au service de Blatter qui a pris le nom de Fifa. Tous ceux qui remettent en cause ce fonctionnement sont évincés par le président. Quant aux comptes de l'organisation, ils semblent en ordre, mais c'est une illusion. La Fifa se caractérise par une mauvaise gestion, des dysfonctionnements structurels et des irrégularités financières », assenait à l'époque le secrétaire général de la Fédération. Dans une conférence de presse, quelque temps après, Sepp Blatter s'inscrivait en faux contre ces accusations et rétorquait : « Le rapport de confiance avec le secrétaire général Michel Zen-Ruffinen est rompu ». Il ajoutait : « Il est très difficile d'être attaqué par quelqu'un que l'on a considéré comme son fils pendant quatorze ans. Cela fait très mal ».

En 2006, le journaliste britannique Andrew Jennings diffuse sa première grosse affaire autour de la Fifa. Obstiné, il deviendra l'ennemi numéro un de la Fédération internationale de football, jusqu'à être interdit de conférence de presse. Dans une enquête pour la case d'investigation *Panorama* de la BBC, le reporter en imper dévoile comment ISL, la société de marketing fondée par l'ancien patron d'Adidas Horst Dassler, qui contrôle les droits télévisés des Coupes du monde, a mis en place un système de pots-de-vin avec les plus hauts dirigeants de la Fifa. En 2010, Andrew Jennings récidive, avec une nouvelle enquête pour la BBC qui concerne cette fois trois pontes du comité exécutif de la Fifa soupçonnés de corruption avec la société ISL : le Paraguayen Nicolas Leoz, le Camerounais Issa Hayatou et le Brésilien Ricardo Texeira. Le Trinidadien Jack Warner, patron tout-puissant du football dans les Caraïbes, est lui aussi accusé de corruption. Il devient la nouvelle bête noire du journaliste anglais.

L'attribution le 2 décembre 2010 de la Coupe du monde 2018 à la Russie, et surtout de la Coupe du monde 2022 au Qatar, est l'affaire de trop. Dès le lendemain du vote, plusieurs médias anglais dénoncent les conditions d'attribution. Le tabloïd *The Sun* titre en une « Truqué ! », quand *The Times* estime que « le système de désignation des pays hôtes de la Coupe du monde est atrocement corrompu ».

Depuis le début de l'automne 2010, des scoops sont publiés dans la presse anglaise. Deux journalistes du *Sunday Times* se sont fait passer pendant plusieurs mois pour des lobbyistes de la candidature américaine de 2022. Avec l'aide de caméras cachées, ils ont piégé neuf officiels de la Fifa. Deux membres du comité exécutif, le Nigérian Amos Adamu et le Tahitien Reynald Temarii, ont été automatiquement suspendus, surpris en flagrant délit de tentative de vente de leurs votes.

En mai 2011, quand Interpol signe son partenariat, la Fifa est donc éclaboussée depuis des années par de multiples soupçons de corruption. Sa réputation est largement entachée. Ronald Noble pouvait-il l'ignorer ? Quand le journaliste allemand Thomas Kistner lui demande pour le journal *Süddeutsche Zeitung* s'il connaissait les soupçons de corruption au moment de la signature de l'accord, le secrétaire général d'Interpol reste prudent et pragmatique : « Je ne comprends pas la question. Si ça veut dire que j'avais conscience d'un grand nombre d'accusations qui circulaient, la réponse est oui ». Mais il va plus loin. Pour Noble, rapporte Kistner, la question n'était pas de savoir « si les dirigeants de la Fifa étaient corrompus, suspendus ou même sous le coup d'une enquête pour corruption. La question pour Interpol était de savoir s'il y avait un problème de matchs truqués ».

Pour Sepp Blatter, en campagne pour sa réélection, cet accord représente une victoire éclatante, un gage de prestige. Alors que les allégations de corruption pleuvent depuis plusieurs mois autour de la Fifa, le Valaisan s'offre l'organisation mondiale de police, sa marque et sa réputation. Un blanchiment d'image inattendu. Le 1er juin 2011, soit trois semaines seulement après la signature de l'accord avec Interpol, Sepp Blatter est élu pour la quatrième fois à la tête de la Fifa par 186 voix sur 203 exprimées. Un raz-de-marée. Il faut dire que son seul opposant, Mohamed Bin Hammam, l'artisan de la victoire qatarie pour 2022, a été exclu quelques jours auparavant par le comité d'éthique de la Fifa, soupçonné d'avoir acheté des voix pour sa propre campagne.

Après cette consécration de Blatter, des fédérations expriment leur profond désarroi. David Bernstein, le président de la Fédération anglaise de football, exige le report de l'élection, en vain. Il est dépité : « Un couronnement sans opposant, c'est comme un mandat frauduleux ». L'Allemagne, de son côté, demande un réexamen des conditions d'attribution de la Coupe du monde au Qatar. « Il y a une somme considérable de suspicions que l'on ne peut se contenter de balayer », exprime avec inquiétude Theo Zwanziger, le patron de la fédération allemande.

Interpol balaye pourtant toutes les critiques. Un an plus tard, au congrès annuel de la Fifa à Budapest en 2012, Ronald Noble monte sur scène. Il déclare : « Plus personne ne peut objectivement soutenir que la direction de la Fifa n'a pas pris les initiatives nécessaires pour combattre la corruption, améliorer la gouvernance et assurer une plus grande transparence dans le sport ».

Relisons bien ces mots. Ils sont signés du patron de l'organisation mondiale de police.

Comment Interpol en est-elle venue à conclure un tel deal avec la Fifa ? Grâce à l'entremise d'un homme, qui a joué un rôle clé dans le rapprochement entre les deux organisations.

Chris Eaton est un ancien « grand flic » australien, devenu responsable du centre de coordination et de commandement (CCC) d'Interpol à Lyon, entre 2005 et 2010. Un policier charismatique et respecté. « C'était un vrai cow-boy, mais très malin, avec une grande vue stratégique », se souvient un agent. « Avec une moustache qu'il porte longue, grande et démodée, Chris Eaton rappelle un shérif aux frontières, l'homme qui veut établir la justice partout », écrit de son côté le journaliste américain Brett Forrest, qui a suivi le policier australien dans sa lutte contre les matchs truqués.

À cinquante-huit ans, Chris Eaton saisit une nouvelle opportunité de carrière. Recruté par Jérôme Valcke, le secrétaire général de la Fifa, il devient en 2010 conseiller puis chef de la sécurité de la Fédération internationale de football. Dans ses nouvelles fonctions, il doit s'attaquer, entre autres, au fléau des matchs truqués. Selon le journaliste Thomas Kistner, Chris Eaton met à disposition de la Fifa « son bon carnet d'adresses dans le monde très discret des experts de la sécurité ». Pour former son équipe à la Fifa, il emmène avec lui deux autres employés d'Interpol.

Chris Eaton n'a pas perdu de vue ses ex-collègues et son ancien patron. Il est même en contact régulier avec Ronald Noble, toujours à l'écoute des informations du policier australien. Faisant référence à un malfaiteur arrêté en Finlande pour avoir truqué des matchs internationaux, Chris Eaton écrit à Jérôme Valcke le 13 mars 2011. « Ron Noble a demandé à Interpol de travailler en proximité avec la Fifa sur l'enquête finlandaise. Il a aussi décidé que nous coopérerions sans un accord jusqu'à l'assemblée générale d'Interpol en septembre de cette année, où il prévoit un accord formel avec la Fifa », explique le nouveau directeur de la sécurité de la Fédération internationale de football, dans un mail que nous nous sommes procuré.

Lors d'une interview en 2016, réalisée à Lyon dans le cadre de notre documentaire d'Arte, Chris Eaton confirme devant la caméra du coréalisateur Mathieu Verboud qu'il est l'un des artisans de l'accord entre Interpol et la Fifa.

> CHRIS EATON. J'ai alors négocié avec Ron Noble et Jérôme Valcke pour que la Fifa investisse dans Interpol, car la Fédération devait compter sur un appui policier pour lutter efficacement contre les matchs truqués.

Grâce à son rôle d'intermédiaire, un partenariat de 20 millions d'euros sur dix ans est donc scellé entre la Fifa et Interpol. Enquêteur respecté, Chris Eaton tient toujours une place spéciale au sein de l'agence policière, où il a exercé plus de dix ans. C'est même en tant qu'invité à l'assemblée générale d'Interpol au Qatar, en novembre 2010, un mois seulement avant le vote pour l'attribution de la Coupe du monde 2022, que le Monsieur Sécurité de la Fifa a été approché en catimini par son futur employeur : l'ICSS. Encore inconnue du grand public, cette institution se présente comme un centre international pour la sécurité et l'intégrité dans le sport.

Le problème est que cette ONG basée à Doha, composée sur le papier d'experts du monde entier, est pilotée et financée en grande partie par le Qatar. Or, à la Fifa, Chris Eaton est justement celui qui a enquêté en interne sur des allégations de corruption pour les attributions des Coupes du monde 2018 et 2022. C'est ce que révèlent les journalistes anglais Heidi Blake et Jonathan Calvert dans leur ouvrage *L'Homme qui acheta une Coupe du monde. Le complot qatari* (2015). « Chris Eaton est un peu, disons, comme un ranger devenu braconnier, il a changé de camp », ironise le député britannique Damian Collins, que nous interviewons pour Arte, au palais de Westminster à Londres, en 2016. « Aller bosser avec ceux sur lesquels vous enquêtez, ça pose question », souligne-t-il logiquement. Lassé du manque de moyens dont il dispose à la Fifa, Chris Eaton va rejoindre l'ICSS début 2012. En quelques mois, le Qatar va débaucher l'ancien « grand flic » d'Interpol, qui enquêtait sur les conditions d'attribution de sa propre Coupe du monde. Un coup de maître.

Devant la caméra d'Arte, Chris Eaton reste pourtant droit dans ses bottes.

> CHRIS EATON. Évidemment, on m'a dit : « Il y a des allégations contre le Qatar. Ils auraient acheté la Coupe du monde et vous n'y voyez aucune contradiction ? » J'ai répondu comme je vous réponds : je n'y vois pas de contradiction. Mais franchement, j'aurais même pu rester à la Fifa parce qu'à mon avis, on ne peut pas changer une organisation de l'extérieur. C'est très important, quand on croit dans la loi et l'ordre, en l'honnêteté et l'intégrité, de coexister avec les organisations qui sont menacées. Rester en dehors et leur jeter la pierre ne sert à rien.

En 2012, le policier australien devient officiellement le nouveau directeur de l'intégrité dans le sport de l'ICSS. Il emmène à Doha les deux ex-agents d'Interpol passés aussi par la Fifa. Ils sont vite rejoints par d'autres anciens de l'organisation policière. En octobre 2013, c'est l'Autrichien Werner Schuller, un ancien directeur adjoint d'Interpol, qui est recruté au service de l'intégrité dirigé par Chris Eaton. Puis, en novembre 2015, l'ICSS débauche le directeur de la formation à Interpol, le Canadien Dale Sheehan, un ponte de l'agence policière. Ils retrouvent à l'ICSS le Singapourien Khoo Boon Hui, président d'Interpol entre 2008 et 2012, devenu membre du conseil consultatif de l'ONG qatarie.

À la Fifa, le remplaçant de Chris Eaton est tout trouvé. De beaux financements ouvrent de belles opportunités. Ainsi, en mars 2012, l'Allemand Ralf Mutschke, ancien coordinateur des bureaux centraux nationaux (BCN) d'Interpol, est nommé directeur de la sécurité à la Fifa. Après sa nomination, il explique dans une interview au quotidien allemand *Wiesbadener Tagblatt* avoir gardé des liens très étroits avec l'agence policière.

Il parle même de « famille Interpol ».

Zurich (Suisse), mai 2015

Les hommes en jean prennent position autour du palace. Dans la plus grande discrétion, ils franchissent les portiques de sécurité et grimpent dans les chambres. Les réceptionnistes sont pétrifiés. L'hôtel Baur au Lac est l'un des édifices les plus huppés et les plus respectés de Zurich. Dans le hall, des journalistes du *New York Times* se sont levés aux aurores. Avertis la veille, ils font les cent pas, bouillonnant, prêts à dégainer le scoop de l'année. Soudain, une douzaine d'agents de police en civil surgissent dans le vestibule. Ils dissimulent sept personnes sous des draps. Sept hommes, tirés de leur lit à l'aube dans leur suite cinq étoiles avec vue sur les alpages suisses. L'un d'entre eux est escorté en catimini par la porte de service. Sur son bagage, on distingue quatre lettres, mondialement célèbres : F.I.F.A.

Au même moment, sur la montagne du Zürichberg, le siège de la Fédération internationale de football est perquisitionné. Neuf térabytes de données et de documents électroniques sont saisis par la police helvète. Les médias sont rapidement mis dans la boucle, les caméras prennent d'assaut les jardins de la Fifa. Les images de Zurich font le tour du monde. « La puanteur de la corruption », titre le quotidien anglais *The Guardian*. « Fifa Nostra » affiche la une pleine page de *Libération*, sur un fond noir, avec la main mafieuse de l'affiche du *Parrain*. Dans le monde entier, l'onde de choc est immense.

Le Fifagate explose.

De l'autre côté de l'Atlantique, au siège du département américain de la Justice à Washington, la tenace Loretta Lynch, la toute nouvelle procureure générale des États-Unis, supervise les opérations d'une main de fer. Quelques jours plus tôt, le 20 mai 2015, après des mois d'enquête du FBI, une information judiciaire pour « racket », « blanchiment d'argent » et « escroquerie électronique » autour des droits marketing et télévisés du football, a été ouverte par la cour du district est de New York. 14 personnes sont visées, dont des cadres de la Fifa. Dans le même temps, le parquet fédéral suisse révèle l'existence d'une enquête pénale contre X, ouverte en mars 2015, pour soupçon de « blanchiment d'argent et gestion déloyale » autour des conditions d'attribution des Coupes du monde 2018 en Russie et 2022 au Qatar. En juin, le FBI poursuit les hostilités et ouvre, lui aussi, son enquête indépendante sur la Russie et le Qatar.

Sur les bords du Rhône à Lyon, le siège mondial d'Interpol est en ébullition. Le 3 juin 2015, l'agence internationale de police émet six notices rouges à la demande du FBI. Quatre dirigeants de sociétés de marketing sportif et deux pontes du football mondial, le Trinidadien Jack Warner, ancien vice-président de la Fifa multisoupçonné de corruption dans les Caraïbes, et le « parrain » paraguayen Nicolas Leoz, ex-patron tout-puissant de la Confédération sud-américaine de football, ont leurs visages placardés dans les commissariats du monde entier. Ces voyous présumés du sport mondial sont accusés notamment d'association de malfaiteurs aux fins d'extorsion et de corruption.

Le Fifagate n'a pas encore révélé tous ses secrets. Le même jour, l'influent média *Politico* publie une enquête déroutante. « Comment Interpol s'est alliée avec la Fifa », titre le site américain. La presse internationale découvre alors une affaire ubuesque : Interpol recherche les ex-dirigeants d'une organisation avec qui elle a passé un accord pour 20 millions d'euros. Autrement dit : les suspects financent les gendarmes.

Le journaliste de *Politico*, Jake Wallis Simons, n'est pas au bout de ses surprises. À la lumière du coup de filet de Zurich, il est tombé sur plusieurs de nos articles, en français et en allemand, qui l'ont troublé.

> En octobre 2013, ses relations avec les fabricants de tabac ont été critiquées par Mediapart, une publication française d'investigation et d'opinion, et ses liens avec l'industrie pharmaceutique ont été dénoncés par Die Zeit, l'hebdomadaire allemand. Mais son accord avec la FIFA n'a pratiquement pas été examiné, en particulier dans les médias anglophones, et la question dans son ensemble n'a pas réussi à attirer l'attention du grand public.
>
> Jake Wallis Simons, « How Interpol got into bed with FIFA », *Politico*, 3 juin 2015

Dans la presse, ce Fifagate fait couler de l'encre noire. L'agence policière doit réagir. Sous la pression des médias, elle annonce brutalement, le 12 juin 2015, la suspension du partenariat avec la Fifa. Soit plus de quatre ans après la signature de l'accord. Jake Wallis Simons décrit les coulisses de l'affaire : « Après avoir insisté pendant plusieurs jours sur le fait que la collaboration avec la Fifa continuerait de manière normale, Interpol a discrètement révélé à *Politico* qu'il avait décidé de "réviser" l'arrangement. Mais cela semble arriver un petit peu trop tard ». Le 14 juin, *Politico* révèle qu'Interpol a décidé de rendre l'argent de la Fifa encore non dépensé.

À Interpol, ce scandale tombe au plus mauvais moment pour le nouveau secrétaire général Jürgen Stock. Alors qu'il vient de décider de ne pas renouveler l'accord avec Philip Morris International pour préserver la réputation d'Interpol, voici qu'il doit lâcher dans le même temps son plus gros partenaire privé. C'est un gouffre financier pour l'agence policière, qui présentera à la fin de l'année un déficit de 3,2 millions d'euros. En interne, Jürgen Stock exhorte régulièrement déjà ses équipes à faire des efforts, à économiser sur les frais de mission, les événements et à éviter tout recrutement. Il doit désormais partir à la recherche de nouveaux mécènes pour remplacer la Fifa.

Interpol décide alors de s'engager avec le Comité international olympique (CIO) pour un montant de 1,5 million d'euros sur trois ans, jusqu'en 2018. Selon l'organisation policière, cette coopération, déjà dans les cartons avant le Fifagate, a pour but de « renforcer la sécurité et l'intégrité dans le sport », notamment dans les domaines du dopage, des matchs truqués, des paris illégaux et de la corruption. Depuis, plusieurs projets ont été réalisés en commun.

Quelques exemples : en juin 2016, en amont des JO de Rio, une équipe composée d'experts d'Interpol et du CIO a mené une formation pour lutter contre la criminalité dans le sport auprès de juges, de procureurs ou de policiers brésiliens. En 2017, les deux partenaires ont également organisé des conférences sur l'intégrité dans le sport aux Bahamas ou encore en Afrique de l'Ouest.

Pourtant, en matière de corruption, le CIO possède un passif presque aussi lourd que la Fifa. À la fin du règne de l'ancien franquiste Juan Antonio Samaranch à la tête du CIO – entre 1980 et 2001 –, une dizaine de membres du comité avaient été exclus pour avoir encaissé des pots-de-vin de la ville de Salt

Lake City lors de l'obtention des Jeux d'hiver de 2002. Avec le scandale, le CIO s'était réformé, mais pas en profondeur.

En décembre 2015, le parquet national financier (PNF) a ouvert en France une enquête préliminaire pour des soupçons de corruption dans l'attribution des Jeux olympiques de 2016 à Rio et de 2020 à Tokyo, comme l'a révélé le *Guardian*. Du Brésil jusqu'au Sénégal, en passant par les Seychelles, les justices française et brésilienne s'intéressent à un système international de pots-de-vin destiné à acheter des membres du CIO.

Contactée dans le cadre d'une enquête que nous réalisons pour *Mediapart* en mars 2018, Mme B., la porte-parole d'Interpol, défend que « la coopération entre Interpol et le CIO a permis à la police et à des officiers spécialisés de développer des compétences précieuses pour combattre la manipulation des compétitions ». Elle ajoute que cette contribution est en conformité avec « les règles de diligence raisonnable d'Interpol », c'est-à-dire les règles d'éthique de l'agence policière.

Mais un autre partenaire n'a jamais été contrôlé par la « diligence raisonnable » d'Interpol. En novembre 2012, alors que les suspicions de corruption contre le Qatar noircissent depuis des mois les colonnes de journaux du monde entier, Ronald Noble signe un accord financier avec le comité pour l'organisation de la Coupe du monde 2022. Avec un don de dix millions de dollars sur dix ans, s'étalant jusqu'à l'événement qatari, Doha s'engage à financer un programme d'Interpol, « Stadia », portant sur la sécurité des grands événements sportifs.

Interrogé en 2016 sur ce partenariat pour notre documentaire d'Arte, l'officier d'Interpol de « diligence raisonnable », un policier belge nommé Kris D'hoore, précise seulement faire « des analyses sur l'argent qui vient du secteur privé ».

KRIS D'HOORE. Si ça vient du Qatar, c'est public. Je ne fais pas de diligence raisonnable sur des États membres ou sur des gouvernements.

Pendant dix ans, Interpol va collaborer main dans la main avec le Qatar. Depuis 2016, un agent de police qatari, Falah al-Dosari, a même pris la tête du programme d'Interpol. Selon notre décompte, au moins une quinzaine de rencontres policières et de formations sur la sécurité ont eu lieu à Doha entre 2016 et 2022. Ce « projet Stadia » apparaît donc comme une formidable vitrine pour son bailleur de fonds : le Qatar. Lorsque nous l'interpellons pour un article à paraître sur *Mediapart* en octobre 2022, Mme B. assure : « L'objectif principal d'Interpol dans le cadre du "projet Stadia" est d'aider le Qatar à organiser une Coupe du monde de la Fifa sûre et sécurisée, ainsi que les futures grandes manifestations accueillies par n'importe quel pays membre, et cela restera une priorité pour Interpol ».

L'émirat est pourtant plus que jamais suspecté de corruption pour les conditions d'attribution de sa Coupe du monde. En 2023, plusieurs enquêtes pénales sont toujours en cours en France, aux États-Unis et en Suisse. En France, le parquet national financier a ouvert une information judiciaire en décembre 2019 pour « corruption active et passive » et « recel et blanchiment de ces délits ». La justice française enquête notamment sur ce fameux déjeuner de l'Élysée du 23 novembre 2010, neuf jours avant l'attribution du Mondial, entre Nicolas Sarkozy, l'émir du Qatar et Michel Platini. Aux États-Unis, après des années d'enquête, la justice a clairement établi en avril 2020 que trois membres sud-américains du comité exécutif de la Fifa avaient été corrompus pour l'attribution de la Coupe du monde au Qatar.

Devenu secrétaire général d'Interpol en 2014, Jürgen Stock a décidé de ne pas poursuivre les partenariats avec la Fifa, Philip

Morris et le Dolder Group. L'ancien vice-président du BKA se fait une haute idée de l'éthique et de la morale. Mais ce qui vaut pour les entreprises ou les associations privées ne vaut pas pour les pays membres.

Contre toute attente, Jürgen Stock va maintenir dans le temps l'accord avec le Qatar. Quelques mois avant la Coupe du monde la plus controversée de l'histoire, il décide même de le prolonger de deux ans, jusqu'en 2024. Au mépris de toutes les enquêtes de police.

Les intentions du discret successeur de Ronald Noble s'annoncent plus obscures que prévu.

10

Jürgen Stock

« Ils n'ont que l'argent en tête. C'est une obsession du budget. On a l'impression que Stock est en train de réformer la Grèce. »

« *Jimmy* »

Carthagène (Colombie), octobre 2013

En finir avec les deals obscurs. Renforcer l'intégrité. Afficher davantage de transparence. Jürgen Stock a posé des revendications fortes à l'assemblée générale d'Interpol de Carthagène en octobre 2013. Fines lunettes, visage émacié, ce membre méconnu du comité exécutif au physique d'expert-comptable a pris tout le monde de court. Le policier habitué à l'ombre a soudain pris toute la lumière.

Celui qui deviendra un an plus tard le patron d'Interpol est pourtant d'un tempérament discret. « Intelligent », « très respecté » mais « sans prétention », c'est ainsi que « le premier flic mondial » est décrit par ceux qui l'ont fréquenté.

Fait rare, Jürgen Stock s'est livré pendant presque une heure, en janvier 2021, aux questions de Beat Balzli, rédacteur en chef de l'hebdomadaire économique allemand *Wirtschaftswoche*. Dans cette interview, il est revenu non seulement sur son rôle en tant que secrétaire général d'Interpol, mais aussi sur sa carrière. La question du financement de l'organisation est arrivée plus tard. Vers la fin de la conversation, le journaliste aborde la collaboration d'Interpol avec le Comité suprême Qatar 2022. Il va droit au but.

BEAT BALZLI. Dans votre recherche de nouvelles sources de revenus, vous prenez parfois des chemins douteux. Vous avez par exemple conclu un partenariat de dix millions de dollars avec le Qatar. Est-ce que cela correspond à une organisation policière éthiquement intègre comme la vôtre ou était-ce un dérapage ?

JÜRGEN STOCK. Non, c'est tout à fait approprié, parce que nous dépendons fortement, en particulier pour certains projets, de l'obtention de fonds complémentaires de la part d'États qui peuvent les fournir. (...) Ce qui est décisif, c'est que nous utilisons l'argent sur la base de décisions prioritaires prises par l'assemblée générale d'Interpol. Cela signifie que ce n'est pas l'État qui décide quoi faire de l'argent (...), mais que c'est l'inverse. Nous discutons avec notre assemblée générale, avec les représentants des 194 États membres, des priorités d'Interpol pour l'année en cours et disons par exemple que nous voulons mettre l'accent sur la cybercriminalité ou sur la traite des êtres humains. (...) Dans ces domaines de la criminalité, nous sollicitons les moyens correspondants et les États peuvent alors intervenir et dire « OK, nous soutenons cette activité avec des contributions financières spéciales » (...). Et cela se fait de manière très transparente.

BEAT BALZLI. C'est quand même politiquement très sensible si vous vous mettez en ménage avec le Qatar et que vous prenez dix millions de leur part, non ?

JÜRGEN STOCK. Le Qatar est un pays membre d'Interpol comme les autres, qui s'engage à respecter les règles d'Interpol.

(...) Ces fonds que nous avons reçus du Qatar (...) aident une équipe internationale, et pas seulement le Qatar, à sécuriser ce genre d'événements sportifs internationaux. Et je pense que c'est un objectif très important, que nous allons continuer à poursuivre.

Circulez, il n'y a rien à voir. Pendant une heure, Jürgen Stock répond aux questions du rédacteur en chef. Longuement, il explique comment les criminels ont su profiter de la crise du COVID-19. Il aborde la naissance d'une « industrie de cyberpirates » et avoue que des enquêteurs du monde entier semblent être dépassés par l'ampleur de certains types de crime, comme le trafic de drogues.

Le journaliste allemand l'amène aussi sur le terrain de son histoire personnelle. C'est un voisin policier qui aurait incité le jeune Jürgen à s'intéresser à ce métier « dynamique et plein d'action ». Après une formation de policier, Jürgen Stock développe par la suite « un intérêt pour le comportement humain déviant ».

Le patron d'Interpol raconte comment il a été un jour lui-même confronté à la police. « La petite délinquance est très répandue... », lâche-t-il, avant d'enchaîner sur une anecdote.

> JÜRGEN STOCK. Ma première frayeur, c'est quand j'ai descendu une avenue avec mon nouveau vélo, les mains libres, dans ma ville natale, à Wetzlar. Une voiture de police m'a dépassé et l'agent m'a montré un index menaçant. Cela m'a durablement impressionné. J'ai bien sûr immédiatement remis les mains sur le guidon.

Cette petite histoire, qui prête à sourire, dessine la personnalité et la carrière de Jürgen Stock. Disciplinée et exemplaire. Né en 1959 à Wetzlar dans le Land de la Hesse, en Allemagne de l'Ouest, Stock devient officier de police judiciaire à peine majeur, en 1978. Quelques années plus tard, en 1984, il s'inscrit en droit à l'université de Giessen. « C'était l'un de mes meilleurs étudiants », se souvient Arthur Kreuzer, professeur émérite de criminologie, que Robert contacte début 2023. « Je l'ai remarqué par l'intelligence de ses questions, confie-t-il. Au cours d'une conversation, j'ai découvert qu'il travaillait comme policier depuis plusieurs années et qu'il cherchait à présent un approfondissement scientifique avec ses études de droit. Pour ce faire, il s'était mis à travailler à temps partiel afin de pouvoir financer ses études. J'ai considéré qu'il s'agissait là d'une charge et je l'ai invité à se soumettre à un entretien afin de pouvoir, le cas échéant, le proposer pour une fondation pour étudiants surdoués. Il a été admis dans cette fondation en 1988. »

Jürgen Stock œuvre quelques années comme assistant de son ancien professeur Kreuzer, termine ses études de droit et travaille brièvement comme avocat. En 1996, il rejoint le BKA, l'équivalent allemand de la PJ française. Rapidement, il grimpe dans la hiérarchie. D'abord comme directeur adjoint de l'unité de lutte contre la criminalité économique, puis en 2000, il dirige l'institut de police scientifique (KT) du BKA. En 2004, il devient vice-président de la police criminelle allemande, un poste traditionnellement dévolu aux relations internationales.

En parallèle, le policier poursuit sa carrière universitaire. Entre 1998 et 2000, il est nommé président de l'université de sciences appliquées de la police de Saxe-Anhalt. Selon certains experts, comme Thomas Feltes, professeur de criminologie à l'université de la Ruhr, il contribue significativement à renforcer les liens entre les chercheurs et la police.

Bien des années plus tard, quand il accède à la tête d'Interpol, le policier allemand va mettre l'accent sur les formations théoriques. Jürgen Stock précise sa pensée dans un article publié en 2017 dans un ouvrage universitaire collectif sur la police : « Sur le plan personnel, la formation des policiers me tient également à cœur. En tant que recteur fondateur de l'université des sciences appliquées de Saxe-Anhalt, j'ai pu constater de visu l'importance de fournir aux agents des forces de l'ordre une base de connaissances solide pour les aider dans leur travail quotidien ».

Pour Stock, la formation policière devrait alors « s'inscrire dans une perspective internationale ». Sous ses mandats, Interpol a ainsi lancé de multiples projets régionaux de « renforcement des capacités ». Que ce soit en matière de cybercriminalité dans les Amériques (« projet Cyber Americas II »), de lutte contre le terrorisme en Asie du Sud-Est (« projet Sunbird ») ou de gestion des frontières en Afrique de l'Ouest (« projet Adwenpa IV »). Dès 2015, Interpol propose également un cours théorique sur le Darknet, ce web souterrain. L'organisation policière crée son propre Darknet privé, dans lequel les policiers se livrent à des jeux de rôle, achètent, vendent et utilisent des cryptomonnaies. L'agence internationale possède aussi sa plate-forme d'apprentissage numérique, « l'académie virtuelle d'Interpol ». En 2020, 16 000 agents ont été formés via cette académie, affirme l'organisation policière.

C'est dans les années 2000 que le policier et universitaire allemand commence à s'intéresser sérieusement à Interpol. En 2005, alors vice-président du BKA, il rentre au comité exécutif de l'organisation internationale. De 2007 à 2010, il y est nommé vice-président pour l'Europe. En 2008, il publie un dossier sur Interpol dans une revue policière allemande, *Internationale Verbrechensbekämpfung*. Il rappelle son premier grand coup au sein d'Interpol. En novembre 2007, l'agence policière a appliqué une méthode pour la recherche des pédocriminels, développée au BKA. Jürgen Stock se félicite de la transformation d'Interpol vers un « prestataire moderne au service de ses membres ». Il loue les notices, mais aussi le système I-24/7 d'Interpol et les cellules de crise. Il constate aussi le faible budget de l'organisation, sans pour autant développer ce sujet. Ce serait fait quelques années plus tard.

Fin 2012, à la suite de la lettre des « grands flics » européens, Jürgen Stock prend la tête d'un groupe de travail d'Interpol pour réformer le financement de l'organisation. À l'époque, il ne mâche pas ses mots, comme le rappelle un communiqué de presse du BKA : « L'exceptionnelle réputation mondiale et la neutralité d'Interpol nous obligent à rendre les règles des ressources externes financières et matérielles, transparentes et compréhensibles ». Un an plus tard, à l'assemblée générale de Carthagène, en Colombie, il présente les mesures du groupe de travail. Le secrétaire général d'Interpol devra dorénavant soumettre au comité exécutif tout fonds externe égal ou supérieur à 500 000 euros. « L'intégrité » et la « réputation » des donneurs font également leur apparition dans la charte financière de l'organisation policière. « Son honnêteté intellectuelle est un marqueur chez lui. Il a une rigueur morale, une rigueur financière », loue un cadre du bureau central national de Paris au sujet de Jürgen Stock.

L'intégrité et la transparence d'Interpol vont devenir les chevaux de bataille de Jürgen Stock dans une campagne pour prendre la tête d'Interpol. En mars 2014, le BKA rend publique sa candidature. La PJ allemande le décrit comme « le policier allemand le plus expérimenté au niveau international ». En juin, Jürgen Stock est choisi par le comité exécutif d'Interpol comme futur secrétaire général. Il succédera à Ronald Noble à la fin de l'année lors d'un vote en assemblée générale. Une surprise. L'Allemand double sur le fil les favoris des pronostics : la Française Mireille Ballestrazzi, directrice de la PJ et présidente d'Interpol, et l'Anglais Rob Wainwright, directeur d'Europol.

Jürgen Stock tient ses promesses. Dès ses débuts, Interpol rend plus transparent son financement, publie des rapports, des bilans, des chiffres. Il nomme un officier de « diligence raisonnable » pour encadrer et superviser les partenariats privés de l'organisation. En 2015, même s'il est contraint par le scandale, le nouveau secrétaire général suspend l'accord avec la Fifa et décide de ne pas prolonger celui avec Philip Morris.

Mais ces réajustements budgétaires mettent l'organisation policière dans une position délicate. En 2016, Interpol affiche encore un déficit de 2,5 millions d'euros. Les premières années Stock démarrent sous le signe de la rigueur. Réduction des budgets opérationnels, baisse des frais de mission et gel des embauches. À la machine à café, on parle d'« austérité allemande ». Dans les couloirs, on frôle les murs quand apparaît l'Australien Tim Morris, le nouveau numéro deux d'Interpol, un directeur exécutif surnommé par certains agents The Hammer. « Le marteau », en français. L'homme qui réduit. Le prix de la lutte contre le crime international. « Ils n'ont que l'argent en tête. C'est une obsession du budget. On a l'impression que Stock est en train de réformer la Grèce », nous confie, avec un sourire fatigué, un agent d'Interpol en juillet 2016, que nous surnommerons Jimmy.

Interpol cherche à développer d'autres sources de revenus, comme avec le programme I-Checkit. Ce nouveau système de l'agence policière permet de monétiser la vérification de documents avec les bases de données d'Interpol, auprès de certains secteurs de l'industrie comme les compagnies aériennes. Mais la mesure ne contribuera par la suite que très marginalement au budget de l'organisation.

Jürgen Stock se retrouve devant un dilemme. Après avoir drastiquement réduit les partenariats avec l'industrie, il doit chercher de nouveaux moyens pour l'organisation. Or, les pays occidentaux ne veulent pas augmenter leur contribution de manière significative. Le patron d'Interpol tourne alors son regard vers d'autres États.

Le Moyen-Orient apparaît comme une terre promise. Après le Qatar, un autre pays richissime du Golfe entre dans la danse. Son meilleur ennemi : les Émirats arabes unis.

En 2016, c'est sous la gouvernance du policier allemand que l'organisation mondiale de police accepte un accord financier de 50 millions d'euros des Émirats arabes unis. Le petit État pétrolier, pays autoritaire, hautement répressif et policier, accusé de crimes de guerre au Yémen, devient l'un des premiers contributeurs de l'organisation. L'argent est destiné à alimenter sept missions d'Interpol : l'antiterrorisme, la cybercriminalité, le patrimoine culturel, les groupes vulnérables, les stupéfiants, les marchandises illicites et la criminalité liée aux véhicules. « La générosité de la contribution des Émirats aura une incidence considérable sur le travail des services chargés de l'application de la loi dans le monde, qui s'en trouvera renforcé », déclare Jürgen Stock, au moment de l'annonce du partenariat, en 2017. Sous Stock, les Émirats arabes unis vont monter en puissance.

Qui contrôle la police mondiale ? Ces jeux d'influence autour du financement d'Interpol sont le fil rouge de notre film. En mars 2018, notre documentaire est enfin diffusé sur Arte. Nous faisons salle comble pour deux séances spéciales, dans des cinémas de Lyon et Paris. La réception du public, mais aussi de la presse, est bonne. *Le Monde* salue « une délicate et solide enquête ». Pour *Télérama*, c'est « un beau pavé jeté dans la mare », quand dans *Le Canard enchaîné*, le journaliste Sorj Chalandon se demande : « Que fait la police ? » Dans les mois qui suivent, nous sommes régulièrement invités par des émissions de radio ou de télévision pour parler d'Interpol. Notre documentaire est rediffusé dans une dizaine de pays. Mais quatre longues années de production et de tournage du film nous ont fatigués. Nous décidons de faire une pause et de nous lancer sur d'autres sujets.

Dans le même temps, Interpol continue de faire l'actualité. Pas toujours pour de bonnes raisons. Un président qui disparaît mystérieusement. Un autre accusé de couvrir des actes de torture. Des États autoritaires, comme la Russie ou la Turquie, régulièrement accusés de dévoyer le système des notices rouges d'Interpol. Des avocats et des organisations de défense des droits de l'homme qui multiplient les alertes. Des centaines de citoyens, fichés injustement par Interpol, qui peuvent être emprisonnés, extradés ou torturés. Du haut de sa forteresse de verre, Jürgen Stock minimise les problèmes. Le patron d'Interpol aurait-il cédé à la Realpolitik ?

Notre enquête est loin d'être terminée.

Partie II

Traqués
(2018-2023)

11

L'enfermement

« *C'est vital au succès d'Interpol que ses dirigeants soient considérés comme irréprochables.* »

RODNEY DIXON

Lyon (France), Durham (Royaume-Uni), octobre 2020

Connecté de l'autre côté de la Manche, le chercheur nous attend à l'heure prévue. Face à son écran, Matthew Hedges semble à la fois fragile et déterminé. Il a glissé des écouteurs rouges. Nous enregistrons la conversation.

MATHIEU MARTINIÈRE. Je vous prendrai peut-être trente minutes, si c'est bon pour vous.

MATTHEW HEDGES. Oui, ça dépendra si je peux garder cette pièce longtemps, car je suis à l'université.

MATHIEU MARTINIÈRE. OK. Comme je vous l'ai expliqué, je suis journaliste indépendant en France. Je travaille sur Interpol depuis presque dix ans. Nous avons réalisé un documentaire en 2018 pour la chaîne franco-allemande Arte. Nous y parlions de l'influence du secteur privé et d'États autoritaires comme les Émirats arabes unis et la Russie, de leur usage abusif des notices rouges. Nous y révélions aussi le fait que les Émirats ont donné 50 millions d'euros à une fondation d'Interpol. C'est pourquoi je suis vraiment intéressé par votre témoignage. Désolé encore pour mon mauvais anglais et mon accent français. Si vous êtes prêt, je peux commencer mes questions.

MATTHEW HEDGES. Absolument.

Ainsi débute son récit. Celui d'une descente aux enfers.

Matthew Hedges n'a que trente et un ans lorsqu'il est arrêté à l'aéroport de Dubaï par des agents de la sécurité nationale des Émirats arabes unis. Du jour au lendemain, on accuse ce chercheur d'avoir fourni des informations classifiées au MI6, le célèbre service de renseignements extérieurs du Royaume-Uni. Le jeune homme n'a pourtant rien de James Bond. Citoyen britannique sans histoires, il est thésard à l'université de Durham, dans le nord de l'Angleterre.

Ce 5 mai 2018 marque le début de son calvaire.

Selon son récit, il est conduit à Abou Dhabi, la capitale des Émirats arabes unis, où il est enfermé au département de police des enquêtes criminelles. Pendant des mois, il est mis à l'isolement. On l'interroge parfois jusqu'à quinze heures par jour, de manière aléatoire, même en pleine nuit. On menace de s'en prendre à sa famille. On le drogue, en lui administrant de fortes doses d'opioïdes et de psychotropes afin qu'il ressente des symptômes de manque. Pendant ces interrogatoires, dit-il, il entend les cris, violents, de détenus en provenance d'autres cellules.

Quel crime a bien pu commettre Matthew Hedges ? Espionner pour le compte des services secrets britanniques ? Les preuves manquent. Déranger les autorités de la pétromonarchie ? Plus probable. Depuis plusieurs années, le chercheur, qui a passé une partie de son enfance aux Émirats, travaille sur une thèse autour de la politique sécuritaire du régime. Un travail reconnu par ses pairs, mais hautement sensible. « Matt était l'un des analystes les plus pointus que j'aie jamais rencontrés. Il connaissait le pays sur le bout des doigts, ce qui aurait facilement pu être perçu comme une menace par les Émiratis s'ils voulaient projeter une image internationale qui ne soit pas remise en cause », déclare alors Kristian Ulrichsen, universitaire spécialiste du Golfe, au quotidien britannique *The Guardian*.

Le 21 novembre 2018, après six mois d'incarcération aux Émirats arabes unis, Matthew Hedges est condamné à la prison à vie pour espionnage. Le procès, qui s'appuie sur des aveux, « forcés » selon le chercheur, n'aurait duré que quelques minutes, sans la présence d'un avocat, a déclaré l'épouse de Matthew Hedges, présente à l'audience. Le témoignage de celle-ci alerte l'opinion publique sur le sort de son mari.

Quelques jours plus tard, l'ambassadeur des Émirats arabes unis à Londres, Sulaiman Hamid al-Mazroui, contre-attaque et réfute la plupart de ces accusations. Interrogé par le *Guardian*, il souligne que son gouvernement « ne dicte pas ses verdicts aux tribunaux », et insiste sur le fait que les « véritables chercheurs » peuvent se rendre « librement » dans son pays. Il ajoute que « Matthew Hedges n'a pas été condamné à l'issue d'un procès de cinq minutes, comme certains l'ont rapporté. Pendant un mois, trois juges ont évalué des preuves irréfutables au cours de trois audiences ». Et il conclut : « Il s'agit d'une affaire extrêmement grave. Nous vivons dans un environnement dangereux et la sécurité nationale doit être notre priorité absolue. »

Une crise diplomatique s'ensuit entre le Royaume-Uni et les Émirats arabes unis, pourtant alliés historiques. La Première Ministre Theresa May se déclare « profondément déçue » par le verdict. Cinq jours plus tard, le thésard est finalement gracié par les Émirats. Alex Younger, le patron du MI6, se dira « perplexe » face à cette affaire. « Je ne comprends vraiment pas comment nos partenaires émiratis sont parvenus à ces conclusions », déclarera le maître espion anglais à propos des accusations contre le chercheur.

À son retour sur le sol britannique, on diagnostique à Matthew Hedges un stress post-traumatique. Il doit suivre un lourd traitement médical. Tenace, il n'abandonne pas pour autant ses recherches sur les Émirats. Ni son combat pour une réhabilitation judiciaire. En juillet 2019, il porte plainte auprès des Nations unies pour emprisonnement abusif et écrit à la haut-commissaire des Nations unies aux droits de l'homme, la Chilienne Michelle Bachelet. Mais le chercheur n'est pas encore au bout de ses surprises.

En septembre 2020, il découvre avec stupeur que l'inspecteur général de la police des Émirats arabes unis, un certain Ahmed Naser al-Raisi, est candidat à la présidence d'Interpol, la prestigieuse organisation mondiale de police. Le général, qui répond directement au ministre de l'Intérieur des Émirats, est l'un des officiers les plus capés de son pays.

Via son conseil, Matthew Hedges interpelle aussitôt l'Allemand Jürgen Stock, toujours secrétaire général d'Interpol. « Toute organisation chargée d'enquêter sur des crimes doit fonctionner conformément au droit international en matière de droits de l'homme », écrit l'avocat Rod Dixon, dans un courrier adressé au patron de l'agence policière, le 29 septembre 2020, dont nous publions des extraits pour le site d'investigation *Mediacités*. « C'est vital au succès d'Interpol que ses dirigeants soient considérés comme irréprochables, poursuit-il. La nomination comme président d'une personne comme M. Al-Raisi, qui aurait échoué à enquêter sur des allégations sérieuses, y compris de torture, peut porter atteinte à la crédibilité entière d'Interpol ».

Le courrier restera lettre morte.

MATHIEU MARTINIÈRE. Avez-vous rencontré durant votre détention le général Al-Raisi ?

MATTHEW HEDGES. Je ne sais pas qui il était. Ils m'ont tenu à l'écart des gens, et les gens ont été tenus à l'écart de moi.

MATHIEU MARTINIÈRE. Et après la détention ?

MATTHEW HEDGES. Pas à ma connaissance.

MATHIEU MARTINIÈRE. Est-ce que vous pensez que le général Al-Raisi est responsable de la torture que vous avez subie ?

MATTHEW HEDGES. Plusieurs personnes sont responsables de ces actes de torture. Parce qu'il était haut gradé de la police au moment des faits, le général Al-Raisi doit répondre de ce qui s'est passé dans les commissariats à l'époque. Or, ce qui m'est arrivé s'est passé dans les locaux de la police d'Abou Dhabi. Il a un degré de responsabilité. Mais écoutez, ce n'est pas juste moi, juste une personne. Il y a de multiples exemples d'abus dans les commissariats d'Abou Dhabi.

MATHIEU MARTINIÈRE. Que pensez-vous de la candidature d'Al-Raisi à la présidence d'Interpol ?

MATTHEW HEDGES. L'ONU a déclaré que le système judiciaire des Émirats arabes unis était défaillant et inéquitable. Les mesures prises dans le pays ne respectent pas plusieurs conventions internationales. Donc, si le général Al-Raisi était élu président d'Interpol, quel serait le message envoyé aux autres États qui pratiquent la torture ? Est-ce que cela conduirait à couvrir les autorités qui commettent de tels actes ?

Istanbul (Turquie), novembre 2021

470 chefs de police, ministres et hauts responsables chargés de l'application de la loi, en provenance de 160 pays, sont réunis à Istanbul pour la 89e assemblée générale d'Interpol. Les drapeaux des États membres ont été soigneusement disposés sur les pupitres. À la tribune, sur les écrans géants, le logo de l'organisation est partout. Le président turc, Recep Tayyip Erdoğan, ravi d'accueillir Interpol dans « une ville à la croisée des civilisations », a adressé un message vidéo à l'assemblée, saluant une rencontre importante qui « va grandement contribuer à la sécurité et à la sûreté de tous nos pays ». Mais le troisième jour, l'impensable se produit.

L'inspecteur général du ministère de l'Intérieur des Émirats arabes unis, Ahmed Naser al-Raisi, visé par plusieurs plaintes pour complicité de torture, est élu président de l'organisation de police criminelle pour quatre ans. Sa rivale, la Tchèque Sarka Havrankova, vice-présidente pour l'Europe au comité exécutif d'Interpol, n'aura pas fait le poids face au candidat émirati. Il est élu avec les deux tiers des voix des États membres.

Même si le rôle du président d'Interpol reste limité, le constat est glaçant. Un général, accusé de couvrir des actes de torture dans les prisons de son pays, a pris la tête du comité exécutif d'Interpol jusqu'en 2025.

Sidérés par cette nouvelle, nous décidons de reprendre l'enquête.

12

Alertes rouges

« On ne doit pas faire ça.
On ne doit pas abuser d'organisations internationales comme Interpol. »

Angela Merkel

Paris (France), septembre 2022

L'immeuble des années 1970 se dresse entre deux immenses fresques urbaines, art symbole du 13e arrondissement de Paris. C'est ici, dans ce quartier situé sur la rive gauche de la Seine, que sont situés les bureaux de la branche française de HarperCollins. Cette grande maison américaine, détenue par la société News Corp, est l'éditeur historique d'auteurs comme Mark Twain ou Agatha Christie. Elle publie aujourd'hui des livres grand public, beaucoup de polars, mais aussi des témoignages et des enquêtes.

Ce jour-là, nous ressortons de l'immeuble confiants. Nous avons convaincu la maison d'édition de l'importance de publier un livre sur Interpol. L'élection du général Al-Raisi à la présidence de l'agence policière avait été pour nous l'affaire de trop. Il nous fallait ressortir nos carnets, fouiller dans nos archives. Continuer à enquêter sur cette organisation mythique, aux missions si essentielles, mais qui n'en finissait plus de nous inquiéter. Nous dirigeant vers la ligne 6 du métro parisien, nous nous demandons si notre histoire avec Interpol finira un jour.

Nous étions pourtant passés à d'autres sujets. Avant même la diffusion de notre documentaire sur Arte début 2018, nous avions lancé des enquêtes très éloignées du monde feutré de la police. Mathieu, associé à deux journalistes de notre collectif We Report, Daphné Gastaldi et Mathieu Périsse, travaillait sur les violences sexuelles. Ils avaient copublié un livre, des dizaines d'articles sur *Mediapart* et collaboré à l'émission *Cash investigation* sur la pédocriminalité dans l'Église de France. Puis, ils s'étaient attaqués à la même mécanique du silence, qui protège les agresseurs, dans le monde sportif, pour le média d'investigation *Disclose*. Robert, lui, avait continué à travailler sur l'extrême droite la plus radicale, en France et en Allemagne, depuis l'Alsace où il habitait désormais. Il avait aussi commencé à enquêter sur les abus de la multinationale Nestlé, qui asséchait la nappe phréatique de Vittel dans les Vosges. Son travail, avec le journaliste franco-allemand Alexander Abdelilah, avait donné naissance à un nouveau documentaire sur Arte et avait eu un impact important, la marque Vittel cessant d'être distribuée dans tous les supermarchés allemands et autrichiens. Ensemble, ils avaient révélé aussi, pour le compte de *Disclose*, l'existence de liens entre certains fournisseurs d'Ikea en Biélorussie et des camps de travail forcé dans le pays.

En parallèle, nous intervenions avec We Report dans les écoles, les bibliothèques, les centres sociaux, pour des ateliers d'éducation aux médias. Ces initiatives nous apportaient un modèle économique mixte et stable. Elles nous permettaient de continuer à réaliser des enquêtes longues et coûteuses dans un univers journalistique précaire, tout en transmettant nos valeurs, celles menant vers un journalisme indépendant des pouvoirs, collectif, tenace et rigoureux, aux futures générations qui s'éloignaient des médias traditionnels. Cette transmission nous tenait à cœur. Nous étions devenus à notre tour parents.

Depuis notre enquête pour Arte, notre production sur Interpol s'était limitée à quelques articles sur *Mediapart*, dans *La Tribune de Genève* et à de petites bandes dessinées documentaires. Nous restions toutefois en veille. Au fil des mois, nous commencions à nous montrer de plus en plus perplexes sur l'évolution de l'organisation policière. L'élan vers la transparence et l'éthique des premières années Stock, réel et encourageant, avait laissé la place à un pragmatisme dangereux. Sur le financement, des multinationales avaient été remplacées par des États policiers. En 2016, les Émirats arabes unis avaient fait une promesse de don de 50 millions d'euros à l'organisation. Montant en puissance, la Chine était devenue l'un des trois plus gros contributeurs statutaires d'Interpol.

Dans notre documentaire, déjà, nous évoquions la place importante de pays autoritaires au sein de l'organisation internationale policière, comme le Qatar ou les Émirats arabes unis. Depuis, Interpol s'était vue de plus en plus instrumentalisée par les États non démocratiques, qui composaient la majorité des 195 membres de l'organisation internationale. Des fonctionnaires chinois ou émirati avaient été élus présidents de l'agence policière. Des médias, des ONG et des personnalités politiques lançaient l'alerte sur les abus du système des notices rouges et des « diffusions » d'Interpol. Dans une longue enquête publiée en 2021, le *Guardian* posait sérieusement la question : « Interpol est-elle devenue le bras de régimes oppressifs ? » Des citoyens, des opposants politiques, des militants des droits de l'homme, inscrits dans les bases de données d'Interpol, et traqués par la Russie, le Bahreïn, l'Indonésie, la Turquie, la Chine ou la Biélorussie, témoignaient au journal britannique de mois d'emprisonnement injustifiés dans les geôles du monde entier.

Hakeem al-Araibi était l'un d'entre eux. Ce footballeur professionnel bahreïni est réfugié politique en Australie. En 2018, il décida de partir avec sa femme en Thaïlande pour sa lune de miel. Il fut alors arrêté par les autorités, et apprit qu'Interpol avait diffusé une notice rouge contre lui pour « vandalisme » à la demande du Bahreïn. Al-Araibi cria son innocence. L'athlète avait en fait fui son pays en 2014, une monarchie du golfe Persique qui réprime toute opposition, après avoir participé à des mouvements prodémocratie pendant les printemps arabes. Dans le viseur des autorités, il avait été condamné en son absence à dix ans de prison. Interpol retirera finalement la notice après que l'Australie l'eut informée du statut de réfugié d'Al-Araibi. Mais le jeune homme de vingt-cinq ans passera tout de même soixante-seize jours dans une prison thaïlandaise. Depuis plusieurs années, des dizaines d'exemples d'abus du système d'Interpol comme celui-ci noircissaient les colonnes de journaux du monde entier.

Pour certaines victimes, avant que les organes d'Interpol prennent le temps d'examiner le dossier et décident de retirer une notice rouge, il était parfois trop tard. C'est l'histoire de Selahaddin Gülen, résident américain et neveu de Fethullah Gülen, l'ennemi juré du président turc Recep Tayyip Erdoğan. En octobre 2020, l'homme avait été arrêté au Kenya, sous le coup d'une notice rouge d'Interpol émise par la Turquie pour crimes sexuels sur mineur. Des faits qu'il réfutait en bloc. En décembre, ses avocats demandaient à Interpol l'annulation de l'avis de recherche, et la notice sera finalement retirée en juillet 2021. Mais son sort était déjà scellé. Deux mois plus tôt, Selahaddin Gülen avait été enlevé au Kenya par des agents du renseignement turc. Il avait été extradé en toute discrétion. En mars 2022, Gülen est condamné à Ankara à trois ans et quatre mois de prison pour « appartenance à une organisation terroriste ». Un tout autre motif que celui inscrit initialement sur la notice rouge.

Ces dernières années, le Conseil de l'Europe, le Parlement européen, le Congrès américain et d'autres assemblées nationales avaient commencé à s'inquiéter sérieusement des abus du système d'Interpol. Aux États-Unis, un groupe bipartisan du Congrès avait fait introduire un texte en 2021, le « *Trap Act* », qui garantissait qu'un citoyen américain ne pouvait être extradé seulement sur la base d'une notice rouge d'Interpol. En Allemagne, Angela Merkel s'était indignée de l'arrestation en 2017 d'un écrivain et activiste allemand d'origine turque, Doğan Akhanlı, arrêté sur la base d'une notice rouge d'Interpol émise par la Turquie. « On ne doit pas faire ça. On ne doit pas abuser d'organisations internationales comme Interpol », s'était alarmée la chancelière à la télévision allemande.

Au Royaume-Uni, une commission d'enquête parlementaire s'était intéressée en 2020 aux notices rouges d'Interpol et à l'influence des pays non démocratiques sur l'organisation policière. Les députés avaient déploré le manque de « mesures correctives » à l'encontre des États abuseurs, même si Interpol s'en défend. Le bilan des auditions, auprès de victimes, avocats, responsables d'ONG et anciens agents d'Interpol, interpellait.

> Interpol est une organisation multilatérale importante dans la lutte contre la criminalité internationale. Malgré des efforts considérables de réforme, il subsiste d'importants problèmes structurels et de gouvernance au sein d'INTERPOL qui permettent à des États, notamment la Turquie, la Russie et la Chine, de tenter à plusieurs reprises d'utiliser les fonctions de notice rouge et de

diffusion de manière abusive, sans qu'aucune mesure corrective ne soit prise à leur encontre. Les structures de gouvernance et de financement permettent une ingérence inacceptable de la part d'acteurs étatiques et non étatiques. Le refus du gouvernement britannique et du secrétariat d'Interpol de reconnaître l'existence d'un problème envoie aux auteurs potentiels d'abus le message que ce comportement est acceptable, ce qui risque d'entraver les réformes et de nuire au soutien des victimes au Royaume-Uni. L'incapacité de la communauté internationale et du secrétariat à prendre des mesures correctives à l'encontre de ceux qui tentent de façon répétée d'abuser du système permet à ce comportement corrosif de rester incontrôlé.

Chambre des communes, Comité des affaires étrangères, « Le rôle du Royaume-Uni dans la diplomatie multilatérale », juin 2021

Lyon (France), janvier 2023

Jimmy est arrivé en avance. Mathieu lui a donné rendez-vous pour déjeuner dans un bar-restaurant de La Guillotière, un quartier populaire de Lyon. Ils se saluent chaleureusement. Le policier et le journaliste se connaissent maintenant depuis des années. Quand Jimmy, alors officier détaché à Interpol, alimentait Mathieu en analyses passionnées sur la coopération policière internationale entre le plat du jour et le café. Depuis, Jimmy a quitté l'agence, désabusé. Mathieu est resté en contact. Tous deux partagent une passion pour la série policière *The Wire* de David Simon, qui raconte de manière quasi documentaire le combat contre la criminalité dans les rues de Baltimore et les failles du système judiciaire, politique, éducatif, social et médiatique aux États-Unis. En hommage à un personnage de la série, un inspecteur d'origine irlandaise, nous avons surnommé Jimmy cet ancien agent d'Interpol, qui souhaite garder l'anonymat.

Mathieu a tenu à voir Jimmy pour revenir aux bases du système des notices et des diffusions d'Interpol.

MATHIEU. Explique-moi comment fonctionne une notice rouge, comme si j'avais cinq ans. Pour un lecteur qui ne connaît pas Interpol.

JIMMY. Je vais essayer. En gros, comment ça se passait. Prenons l'exemple de la Russie qui fait une demande. C'est le BCN Moscou[1] qui fait cette demande, c'est-à-dire la police russe. C'est souvent le département des relations internationales, généralement dans la police judiciaire, et c'est un BCN pour toutes les forces de polices du pays. Le BCN Moscou transmet une demande de notice rouge pour M. X pour une infraction de fraude par exemple, ou de blanchiment.

MATHIEU. Ça correspond à quoi cette demande, c'est un formulaire ?

JIMMY. C'est un message dans lequel il y a des éléments contextuels. Il y a tous les éléments d'identité de l'individu, la raison pour laquelle il faut une notice rouge, qu'on pense qu'il est à l'étranger, la nature de l'infraction, le code pénal qui correspond.

MATHIEU. Les raisons sont très détaillées ?

JIMMY. Il y a un petit carré où ils expliquent le mode opératoire. C'est une synthèse, on va dire, des faits. Le pays transmet sa demande, et sont vérifiés à la fois le fond et la forme. C'est-à-dire, est-ce que

1. Bureau central national d'Interpol, à Moscou.

sur le fond la demande est conforme à la charte d'Interpol ? Il y a quatre critères[1]. Pas d'infraction politique, militaire, religieuse et raciste. Ils s'assurent aussi que l'infraction existe bien dans le pays en question. Généralement, ce n'est pas trop là-dessus que ça pose problème. Ensuite, ils essayent de rechercher si la procédure est légitime ou pas. Ils demandent généralement des précisions aux pays, soit des pièces de procédure, soit se faire expliquer un détail. Et le pays apporte des précisions ou non. Parallèlement, il y a une analyse qui est faite sur l'individu en question. Si on accuse un opposant politique de fraude fiscale, on peut s'interroger. On peut s'interroger sur la légitimité d'une procédure de fraude fiscale contre Navalny par exemple. Est-ce que la personne est avant tout un opposant ou est-ce qu'elle est avant tout un délinquant international ? Même si un opposant politique peut être un fraudeur fiscal.

MATHIEU. Pour revenir sur le parcours de la notice, le BCN envoie son message avec une procédure qui est plus ou moins détaillée selon les pays ?

JIMMY. Certains pays étaient habitués à envoyer des choses un peu légères... Une fois que la notice est validée, elle est publiée. Tout simplement. Tu as deux sortes de publication : la publication publique et celle dédiée aux services de police.

MATHIEU. C'est quoi, une case à cocher pour le pays ?

JIMMY. C'est ça. Une case à cocher. Tu avais des pays pas très promptes à partager parce que ce n'était pas leur culture.

1. En plus de l'article 3, la *task force* vérifie aussi la conformité de la notice avec l'article 2 de la constitution d'Interpol, qui porte notamment sur le respect des droits de l'homme, ainsi qu'avec le règlement d'Interpol sur le traitement des données.

MATHIEU. C'est quoi l'intérêt de garder la notice cachée ?

JIMMY. Culturellement, tu as des pays qui n'ont pas envie. Et qui n'ont pas envie que la personne soit au courant qu'elle est recherchée. Parce que sinon, elle va arrêter de voyager et si elle arrête de voyager, on ne pourra pas l'arrêter. C'est aussi bête que ça.

MATHIEU. C'est la même chose que dans une affaire locale, où la police décide ou non de diffuser dans la presse.

JIMMY. C'est ça. C'est exactement pareil. Il y a de vrais intérêts à ne pas diffuser.

MATHIEU. Est-ce que des pays qui abuseraient du système auraient un intérêt à ne pas rendre publique une notice pour éviter que des journalistes s'en emparent ?

JIMMY. Évidemment. Mais ce n'est pas parce que ce n'est pas public que c'est forcément suspect non plus. Et en même temps, si moi je veux arrêter Navalny et qu'Interpol me valide ma notice rouge, j'ai tout intérêt à la publier sur le site d'Interpol en disant : vous voyez, ce n'est pas moi qui dis que Navalny est un fraudeur, c'est Interpol qui le dit. C'est très théorique ce que je dis, je ne l'ai pas constaté.

MATHIEU. Explique-moi maintenant, comme si j'avais cinq ans, comment marchent les diffusions.

JIMMY. La différence entre la notice et la diffusion, c'est que la diffusion, tu choisis le nombre de pays à qui tu veux la diffuser. La notice, elle est envoyée à tout le monde indifféremment. Ça passe par le même logiciel, I-24/7. Je me souviens qu'à l'époque, certains pays, voyant qu'il y avait un contrôle accru sur la Russie, se sont mis à faire passer des diffusions. En se disant que s'ils contrôlent mes notices, ils ne contrôlent pas les diffusions. Et une fois qu'ils s'étaient fait retoquer sur les notices, ils les passaient en diffusions. Évidemment, c'était examiné aussi. Mais il n'y a pas beaucoup de différences entre les deux. Une diffusion ne peut pas être publique, contrairement à une notice. La notice ou la diffusion n'ont pas de valeur juridique internationale. Mais sur la base d'une notice ou d'une diffusion, tu peux arrêter une personne. Généralement, c'est comme ça que ça se passe.

MATHIEU. Le contrôle a toujours été présent sur les diffusions ?

JIMMY. Avant la *task force*, le contrôle ne se faisait pas de manière systématique et organisée.

Jimmy soulevait un point intéressant. Les diffusions avaient été utilisées par les pays abuseurs pour contourner le système des notices d'Interpol. Transmises de BCN à BCN, directement de police à police, elles étaient associées au même système de couleurs que les notices. À son arrivée à la tête d'Interpol, Jürgen Stock avait identifié les problèmes et renforcé les contrôles, à la fois sur les diffusions et les notices, en créant en 2016 une « *task force* ». Cette cellule spéciale, multilingue, composée de juristes, de policiers et d'analystes, vérifiait si chaque nouvelle notice et diffusion rouges, concernant donc des individus recherchés, respectait les règles d'Interpol. Pour exemple, en 2021, la Turquie s'était plainte qu'Interpol ait rejeté près de 800 requêtes de notices rouges contre des personnes proches du mouvement Gülen. L'intellectuel musulman, réfugié aux États-Unis, est considéré comme un terroriste par le président Recep Tayyip Erdoğan, qui l'accuse d'être derrière le coup d'État de 2016. Mais ces requêtes avaient été jugées comme politiques par Interpol, en infraction avec l'article 3 de sa constitution.

En 2017, Interpol s'était même doté d'une résolution qui supprime toute notice ou diffusion pour une personne ayant reçu le statut de réfugié et qui craint d'être persécutée par le pays demandeur. Depuis 2018, la *task force* faisait le ménage, et vérifiait même l'ensemble des avis de recherche de la base d'Interpol, y compris les plus anciens. « On avait des formations sur la recherche en source ouverte », se souvient un ancien stagiaire de la *task force* d'Interpol, que nous joignons par téléphone en janvier 2023. « C'était parfois difficile de faire des recherches dans des pays qui n'ont pas les mêmes accès à Internet ou quand l'alphabet est différent. Je me rappelle avoir retoqué un certain nombre de notices », explique cette source.

MATHIEU. Je sais que Jürgen Stock est attentif aux articles de presse qui critiquent le système des notices rouges d'Interpol. Quel est ton ressenti par rapport à ça ?

JIMMY. C'est un sujet de préoccupation majeure. Ce qu'il faut comprendre, c'est que la majorité des notices rouges ne posent pas de problèmes. C'est du droit commun. On parle de blanchiment, de trafic de stupéfiants, de trafics d'armes. Elles ne sont pas forcément instrumentalisées par les pays qui les émettent.

Jimmy rappelait l'importance de ces avis de recherche, qui avaient fait la notoriété d'Interpol. Il faut l'écrire, bien sûr. L'immense majorité des notices rouges concernent des criminels notoires, des mafieux, des dealers, des meurtriers, des violeurs d'enfants, des terroristes. Interpol joue là un rôle essentiel en partageant des informations de nature criminelle à l'ensemble de ses pays membres.

Peu de temps après notre déjeuner avec Jimmy, début février 2023, Edgardo Greco, un membre de la 'Ndrangheta, la puissante mafia calabraise, sera arrêté en France. Condamné à perpétuité en Italie pour plusieurs meurtres commis dans les années 1990, l'homme avait trouvé refuge à Saint-Étienne et travaillait, sous un faux nom, comme pizzaïolo dans un restaurant. La police française avait obtenu des informations des *carabinieri* italiens grâce au projet I-Can d'Interpol, une initiative internationale contre la 'Ndrangheta financée par l'Italie.

Quelques mois plus tôt, en juillet 2022, l'un des fugitifs les plus recherchés au monde, Rocco Morabito, un boss de la 'Ndrangheta surnommé le « roi de la cocaïne », était extradé vers l'Italie. Le mafieux avait été arrêté au Brésil l'année précédente. « D'une affaire purement italienne, Interpol est comme une espèce de creuset au sein duquel on met des flics, des analystes, des financiers, différents types de policiers spécialisés », nous expliquera au printemps 2023 un cadre du BCN France, impliqué dans l'initiative I-Can avec 12 autres pays membres d'Interpol. « On leur donne du temps, des moyens, de la ressource, de l'audience et les canaux structurés pour communiquer, puisque dans chaque pays il y a un point de contact I-Can. Et avec ça, chaque État membre, seul ou de manière coordonnée, va faire un travail de police plus classique, plus traditionnel », ajoutera ce policier de la division des relations internationales de la PJ. Selon Interpol, l'opération I-Can aurait permis, depuis son lancement en 2020, l'arrestation d'une cinquantaine de fugitifs à travers le monde.

MATHIEU. Sur plusieurs opérations, comme celle sur la 'Ndrangheta avec la police italienne, Interpol met en avant son rôle dans des communiqués de presse lors d'arrestations. Si la notice n'existait pas, est-ce que le criminel ne serait pas arrêté quand même ?

JIMMY. Non, honnêtement, les notices, ça marche. On peut les critiquer car comme toute chose qui marche, il y a des dérives, des ajustements à faire. Mais honnêtement, je pense que c'est un outil nécessaire. Parce qu'à un moment, pour une certaine frange de criminels, dans cette ère globale où il y a de telles libertés de circulation, il faut quand même que les pays se coordonnent à un certain niveau pour empêcher, arrêter des gens de circuler et passer les frontières.

MATHIEU. Ça marche, mais il faut accepter de gros dommages collatéraux.

JIMMY. On n'est pas obligés de les accepter. Il faut mettre en place des contre-pouvoirs qui permettent de les atténuer.

C'était là où le bât blessait. En vingt ans, notamment sous l'impulsion de l'ancien secrétaire général Ronald Noble, le nombre de nouvelles notices rouges diffusées chaque année par Interpol a explosé, passant de 1 500 en 2001 à plus de 11 000 en 2022. La même année, il y avait 71 500 notices rouges valides en circulation dans les fichiers des polices du monde entier. Le chiffre de diffusions Interpol en circulation, lui, avait plus que doublé en l'espace de dix ans, passant de 32 000 en 2005 à 78 000 en 2015. Et 12 500 nouvelles diffusions rouges étaient transmises pour la seule année 2022. Avec la création de la *task force*, Interpol avait considérablement renforcé ses mécanismes de vérification afin de détecter les notices rouges et les diffusions litigieuses. Mais cela n'avait pas suffi.

L'ONG Fair Trials International, basée à Londres, qui milite pour une justice et des procès équitables partout dans le monde, était l'une des premières organisations à avoir fait pression sur Interpol pour réformer son système des notices rouges, qui conduira vers la création de la *task force* quelques années plus tard. Dès 2013, elle produisait un rapport très critique sur les abus et le manque de contrôle de l'agence policière sur ses célèbres avis de recherche. Détaillant de nombreux cas de victimes, l'ONG concluait que « les notices rouges, malgré leur nature de simples alertes électroniques, entraînent des conséquences concrètes et ont souvent un impact humain grave, exposant les personnes à un risque d'arrestation et de détention prolongée, restreignant la liberté de mouvement et ayant un impact sur la vie privée et familiale de la personne concernée ».

Nous rencontrons le directeur juridique de Fair Trials International dans un hôtel du centre de Londres, en avril 2023. Bruno Min doit quitter ses fonctions à la fin du mois, mais pendant des années, ce diplômé en droit de l'université de Cambridge est celui qui a mené la campagne de réforme d'Interpol pour l'organisation britannique. Fair Trials International est l'une des rares ONG à posséder un canal direct vers l'agence policière, dans une relation que Bruno Min qualifie de « constructive ». S'il estime positives les réformes, il reste dans le flou concernant la *task force* d'Interpol. « En fait, il n'est pas facile d'évaluer le succès de la *task force*, parce qu'il n'y a pas beaucoup d'informations sur leur travail et leur performance », estime Bruno Min. « Pendant plusieurs années, nous avons insisté auprès d'Interpol pour qu'elle publie des statistiques sur le travail de la *task force*. L'année dernière, ils ont publié quelques statistiques et cela nous montre qu'ils ne font pas rien. Mais la performance et l'efficacité de la *task force* continuent à nous préoccuper. Si vous regardez simplement les chiffres, il est très difficile pour nous d'être satisfaits. Si vous regardez le nombre de notices rouges et de diffusions par an et que vous comparez le nombre d'employés dans la *task force*, environ trente à quarante personnes, il est très difficile de comprendre comment ils sont capables de mener des examens », regrette le directeur juridique de Fair Trials International.

En juin 2023, Interpol nous confirme le nombre de 40 employés au sein de *sa task force*. Quelques dizaines d'employés pour contrôler des dizaines de milliers de notices rouges et diffusions validées chaque année. Cela posait en effet question.

Un rapport conjoint des départements d'État et de la Justice américains, publié en 2022, louait les succès et l'efficacité de cette *task force*. Mais le document révèle aussi qu'Interpol, manifestement consciente du problème d'effectif, « [avait] demandé aux pays membres de fournir du personnel et des fonds supplémentaires afin de renforcer les capacités de la *task force* des notices et des diffusions ». Après Ronald Noble, Jürgen Stock réclamait à son tour une plus grande participation des États.

Fin 2021, le secrétaire général d'Interpol s'était pourtant félicité d'une augmentation des contributions « statutaires » des pays membres de 22 millions d'euros, réparties sur trois années. La première vraie augmentation depuis 2009. Ces contributions fixes atteignent désormais 69 millions d'euros en 2022. Les États-Unis, le Japon, la Chine, l'Allemagne et la France sont les cinq premiers pays contributeurs. À côté, les contributions volontaires (en cash ou en nature) totalisent 86 millions d'euros. Elles émanent essentiellement d'États, d'agences gouvernementales ou d'institutions publiques, comme la Commission européenne, les Émirats arabes unis, le ministère allemand des Affaires étrangères, le département d'État américain ou encore le Comité Qatar 2022. Avec leurs conventions de siège, Singapour et la France sont les deux plus gros donateurs en nature.

Mais avec un budget global d'environ 155 millions d'euros en 2022, les finances d'Interpol restent bien fragiles. En comparaison,

Europol, avec seulement 27 pays membres, dispose d'un budget de 198 millions d'euros en 2022 et d'un effectif de 1 400 salariés.

On en revient au fil rouge de notre enquête : le financement d'Interpol. Ce manque de ressources est la porte ouverte à toutes les dérives.

13

London calling

« *Nous travaillons sur deux suppressions de notices de la base d'Interpol chaque mois.* »

Radha Stirling

Londres (Royaume-Uni), avril 2023

Elle s'est installée en terrasse d'un restaurant turc, sur la charmante petite place St. Christopher's, près d'Oxford Street. Vêtue d'une tunique vert pomme, elle a commandé une bière Efes. Radha Stirling est off ce jour-là, mais elle continue de rencontrer des journalistes. Une part importante de son travail de sape. À quarante-quatre ans, Radha est cheffe d'entreprise, conseillère juridique, gestionnaire de crise, lobbyiste politique, défenseuse des droits humains. Inclassable et haute en couleur. « *Expert witness* », précise-t-elle en anglais, s'il ne fallait retenir qu'un seul métier. Une « témoin experte », qui clame avoir aidé en quinze ans des milliers de citoyens se disant victimes d'accusations et de détentions arbitraires, principalement aux Émirats arabes unis et au Qatar.

C'est en 2008 que cette touche-à-tout fonde son organisation « Detained in Dubaï », après les mésaventures de l'un de ses amis proches. Cat Le-Huy, trente et un ans, installé à Londres et employé de la société de production télévisuelle Endemol, a été arrêté à l'aéroport de Dubaï pour 0,03 gramme de cannabis retrouvé au fond de son sac. Des grains à peine visibles à l'œil nu. Il encourt jusqu'à quatre ans de prison. Radha Stirling coordonne alors une campagne médiatique et lève 100 000 dollars pour les frais juridiques. Les charges sont finalement abandonnées. Radha a trouvé sa vocation. « Je pense que c'était la première fois qu'on parlait d'une affaire, de manière vraiment publique, à Dubaï », raconte-t-elle, cigarette *slim* en main. « Beaucoup de personnes dans la même situation sont venues me voir, et m'ont dit : "Est-ce que vous pouvez m'aider aussi ?" »

Son carnet d'adresses s'étoffe. Avec les années, les affaires s'enchaînent. Un universitaire américain détenu à Dubaï pour une dette impayée. Une mère de famille suédoise arrêtée pour avoir bu un verre de vin pendant un vol de la compagnie Emirates. Une citoyenne britannique, risquant jusqu'à deux ans de prison à Dubaï, pour avoir insulté la femme de son ex-mari sur Facebook. Radha Stirling vient même en aide à la princesse Latifa al-Maktoum, fille de l'émir de Dubaï, dans une rocambolesque tentative d'évasion de l'émirat en 2018.

Très vite, elle entend parler d'Interpol et de ses célèbres notices rouges. Loin du mythe, du côté des victimes. « Je pense que ma première suppression de notice d'Interpol remonte à 2008-2009. Au fil du temps, il y a eu beaucoup de couverture médiatique et de plus en plus de personnes m'ont contactée », explique-t-elle.

Au printemps 2023, dans une interview à la revue *Alibi*, spécialisée dans les histoires criminelles, le secrétaire général d'Interpol, Jürgen Stock, explique au sujet des notices litigieuses que « bien qu'un petit nombre de cas aient attiré l'attention des médias, ils portaient principalement sur des notices plus anciennes émises avant la création du groupe spécial et, pour plusieurs d'entre eux, aucune notice n'avait été émise ».

Radha Stirling balaye cet argument. Pour elle, malgré la création de la *task force* en 2016, « rien n'a changé ». Les victimes continuent à affluer. « J'ai une base de données. En ce moment, j'attends le retour pour quatre suppressions, j'en ai reçu une hier. Je pense que nous travaillons sur deux suppressions de notices de la base d'Interpol chaque mois », affirme-t-elle.

En 2019, elle a fini par créer une initiative, « Ipex », qui milite pour réformer les traités d'extradition et le système d'Interpol. Radha Stirling a des mots durs contre la commission de contrôle des fichiers (CCF) d'Interpol, qu'elle juge « sans visage », « non redevable », « lente » et « aveugle ». « Lorsque vous faites une requête, les discussions se déroulent à huis clos, vous n'êtes pas impliqué dans la procédure et on vous dit simplement qu'elle est annulée. Ce n'est pas du tout transparent », déplore-t-elle.

Avec un avocat américain basé entre New York et Londres, Jonathan Levy, Radha Stirling dit travailler sur une future « class action » contre Interpol. Cette procédure collective, très utilisée dans les pays anglo-saxons, regrouperait plusieurs victimes du système des notices rouges et des diffusions.

Depuis quelques années, de plus en plus d'avocats s'étaient spécialisés dans la défense des victimes de notices rouges d'Interpol. Des sites web, des blogs – « Red Notice Abuse », « Red Notice Monitor », « Red Notice Law » – gérés par des cabinets de renom, spécialistes du droit international, ou de plus obscurs juristes profitant de la manne de clients potentiels, dévoilaient des affaires, dénonçaient l'opacité de l'organisation policière. Des tribunes d'avocats, s'insurgeant contre les failles du système d'Interpol et l'abus de pays autoritaires, étaient publiées dans de grands médias anglo-saxons. Londres, en particulier, était devenue une véritable plaque tournante dans la défense d'individus se disant victimes d'Interpol.

Jasvinder Nahkwal est une avocate réputée, spécialisée dans la criminalité d'affaires, l'extradition et les notices d'Interpol. Elle a délivré ces dernières années son expertise sur l'agence policière auprès du Parlement britannique et du Conseil de l'Europe. Elle nous reçoit au sein des bureaux de son cabinet, Peters and Peters, situé dans le centre de Londres. « Je n'ai pas fait le calcul », nous explique-t-elle quand on lui pose la question, « mais je dirais que j'ai défendu plus d'une centaine de victimes de notices d'Interpol ». Et le nombre de ses clients « est définitivement en augmentation ».

Selon Jasvinder Nahkwal, les pays à l'origine des problèmes de ses clients sont nombreux et variés. « Il n'y a pas que la Russie. Il y a aussi les Émirats arabes unis, des pays d'Extrême-Orient, aussi l'Inde. Mais il serait faux de suggérer que ces pays sont les seuls concernés », précise-t-elle. « Je pense qu'il s'agit plutôt du fait qu'Interpol dispose d'un système qui accorde de la crédibilité et le bénéfice du doute aux États membres. »

Pour cette avocate expérimentée, les organes d'Interpol ne respecteraient pas les standards judiciaires classiques. Il n'y a, par exemple, pas de possibilité de faire appel d'une décision de la commission de contrôle des fichiers d'Interpol auprès d'une autre institution judiciaire. « Il y a un problème qui permet à des données qui ne devraient pas se trouver dans le système de s'y trouver. Et il est très difficile de les supprimer une fois qu'elles sont dans le système. Parfois, cette procédure ne fonctionne pas correctement et il n'y a aucun moyen de faire appel à d'autres institutions judiciaires en dehors d'Interpol. Il faut donc s'en remettre au système d'Interpol pour qu'il fonctionne. Et si ce n'est pas le cas, il n'y a pas grand-chose que l'on puisse faire », critique Jasvinder Nahkwal. « C'est un peu kafkaïen. Vous êtes le seul arbitre de votre propre décision, et je ne peux pas vous contrôler judiciairement », résume-t-elle.

Des arguments que rejette Interpol. « Le droit international n'exige pas la mise en place d'un mécanisme d'appel. Lors de la négociation des statuts de la CCF, il a été conclu qu'un mécanisme de recours pourrait entraîner des retards inutiles et avoir un impact négatif à la fois sur le demandeur et sur le pays membre concerné. Si un mécanisme de recours est introduit, il doit s'appliquer de la même manière aux deux parties, le demandeur et les BCN », nous explique le secrétariat général d'Interpol.

Certains avocats connaissent quant à eux très bien le fonctionnement de l'intérieur. Installé à Londres, Rutsel Martha, soixante-huit ans, défend lui aussi les victimes présumées de notices rouges d'Interpol avec son cabinet Lindeborg. Il dit traiter une dizaine d'affaires de notices rouges par an, même si ce chiffre varie avec les années. Avec un avantage non négligeable sur ses concurrents : de 2004 à 2008, cet ancien ministre de la Justice des Antilles néerlandaises a été le directeur juridique… d'Interpol.

Un ancien cadre de l'agence policière qui défend les victimes du système d'Interpol. Son plan de carrière n'est pas banal, mais Rutsel Martha s'en explique lorsque nous le joignons au téléphone en avril 2023 : « J'avais commencé à réformer le système au sein d'Interpol. Les premières règles de fonctionnement de la commission de contrôle des fichiers datent de 2008. J'ai posé les bases de la réforme qui s'est achevée en 2017 ».

Désormais solide défenseur des victimes de notices rouges, Martha dispose d'un conseiller très spécial pour l'aider dans sa tâche : Ronald Noble, l'ancien secrétaire général d'Interpol. Reconverti dans le privé depuis 2015, Noble, avocat de formation, avait vu le nombre de notices rouges exploser durant ses mandats à la tête d'Interpol. Et le nombre de victimes croître, en parallèle. Ironie du sort, il prodigue désormais ses conseils à Lindeborg, comme l'a révélé le média spécialisé dans le renseignement, *Intelligence Online*. « C'est un bon avocat et parfois je lui pose des questions, car nous sommes de bons amis », nous confirme Rutsel Martha, sans se montrer gêné par la question. Ronald Noble, de son côté, n'a jamais donné suite à nos sollicitations.

L'un des premiers clients de ce duo d'ex-dirigeants d'Interpol fut Lalit Modi. Cet homme d'affaires, fondateur de la ligue indienne de cricket, est accusé de fraudes par le gouvernement indien. En 2010, il a fui son pays pour Londres et est considéré depuis comme un fugitif. En 2017, Interpol va refuser d'émettre une notice rouge à son encontre. Ronald Noble et Rutsel Martha n'y sont pas pour rien. « J'ai empêché cela », nous affirme même fièrement l'avocat londonien au téléphone.

Interrogé par la chaîne de télévision indienne NDTV, Lalit Modi s'était félicité à l'époque du refus d'Interpol. Face aux questionnements des journalistes indiens sur la proximité étonnante entre l'homme d'affaires et des ex-cadres d'Interpol, il avait assuré : « J'engage d'anciens fonctionnaires d'Interpol pour qu'ils comprennent la loi, non pas pour qu'ils l'influencent ». Sur son mélange de casquettes, Rutsel Martha reste lui aussi tranquille. « Il n'y a pas de différences entre ce que j'ai fait à Interpol et ce que j'ai fait après », assume-t-il. « À Interpol, j'ai défendu les victimes de manière préventive. Maintenant, j'ai un but répressif parce que je suis à l'extérieur. Mais ce sont les mêmes règles. »

14

Garde-fous

« Nous ne nous substituons pas aux autorités judiciaires nationales chargées d'évaluer le bien-fondé d'une extradition. »
TERESA MCHENRY ET MOHAMED KAMARA

Lyon, Strasbourg (France), janvier 2023

Les visages apparaissent sur l'écran par ligne de quatre. Le nom, la date et le lieu de naissance, la nationalité, la couleur des yeux et des cheveux, les langues parlées, les charges retenues contre l'individu, le pays qui émet la demande. Tous ces détails sont visibles publiquement sur le site Internet d'Interpol. À la page *Wanted persons* (« Personnes recherchées »). En janvier 2023, plus de 7 000 notices rouges publiques sont diffusées par Interpol. C'est le pays émetteur qui choisit de poster publiquement ou non l'avis de recherche.

À la vue de tous ces portraits de criminels présumés, d'hommes et de femmes de toutes nationalités, affichés sur la place publique, plusieurs questions nous assaillent. Certains de ces individus pourraient-ils être innocents ? Ce visage est-il celui d'un dangereux criminel ou d'un simple opposant politique ? D'un représentant d'une minorité honnie ? Et quels sont les États qui émettent le plus de notices rouges ?

Pour répondre à cette dernière question, centrale, nous décidons de réaliser un travail de journalisme de données (on parle en anglais de « *data journalism* ») à partir de la base publique des notices rouges d'Interpol. Le moteur de recherche du site web de l'organisation permet en effet de réaliser des requêtes par pays émetteur de notices. Nous rentrons alors dans un tableur Excel le nombre de notices rouges demandées par chaque État membre. La base de données d'Interpol étant fluctuante, des notices y sont régulièrement ajoutées ou retirées, nous choisissons la date du 17 janvier 2023 pour réaliser ce travail. Ce jour-là, 7077 notices rouges sont publiques sur le site Internet de l'agence policière. Dans une autre colonne de notre tableur, nous notons le classement du pays demandeur dans l'index de la démocratie du journal britannique *The Economist*, une référence à l'international. L'index trie les pays en quatre catégories : « pleine démocratie », « démocratie imparfaite », « régime hybride » et « autoritaire ».

Les résultats de notre classement sont pour le moins surprenants. Sur les 100 pays ayant émis au moins une notice rouge publique, la Russie arrive très largement en tête. Ainsi, en janvier 2023, près de la moitié des notices rouges publiques d'Interpol sont émises par la Russie. Soit plus de 3 200 individus recherchés, ou 45 % du total des notices publiques. Le pays n'est pourtant classé que 146e dans l'index de la démocratie, à la catégorie « autoritaire ». Sa police, sa justice, sont au service d'un État répressif, peu démocratique, en guerre en 2023 contre l'un de ses plus proches voisins. La Russie est également mal classée dans d'autres index internationaux, comme le « World Justice Project », qui mesure la force des systèmes judiciaires dans le monde et qui positionne le pays à la

107e place. Quant à l'ONG Transparency International, elle situe la Russie au 137e rang mondial sur son indice de la corruption.

Dans notre tableur des notices rouges publiques, suivent loin derrière Moscou le Salvador (un peu plus de 1 000 notices), l'Argentine (645 notices), l'Inde (275 notices), les États-Unis (259 notices), le Pakistan (166 notices), le Guatemala (125 notices), le Brésil (111 notices), la Bosnie-Herzégovine (92 notices) et la Jamaïque (59 notices). Cinq de ces dix pays qui émettent le plus de notices rouges publiques ne sont pas considérés comme des démocraties par *The Economist* : la Russie, le Salvador, le Pakistan, le Guatemala et la Bosnie-Herzégovine.

Une décennie plus tôt, en 2010, le Consortium international des journalistes d'investigation (ICIJ) réalisait le même travail sur la base de données publique d'Interpol. Dans le top 30 des pays qui émettaient le plus de notices rouges publiques, on retrouvait déjà de nombreux pays autoritaires comme l'Azerbaïdjan, les Émirats arabes unis, la Chine, le Vietnam, le Tadjikistan, l'Arabie Saoudite, l'Irak et l'Iran. La Russie et la Biélorussie se plaçaient déjà respectivement à la quatrième et à la cinquième place.

Mais ces classements, effectués à partir du site Internet d'Interpol, restent limités par leur échantillon. En 2023, seuls 10 % des notices rouges d'Interpol sont visibles publiquement. Aucune diffusion rouge n'est mise en ligne. Le gros des avis de recherche n'est donc pas accessible au grand public, parfois pour de bonnes raisons, comme nous l'expliquait Jimmy. Seulement, cela signifie aussi que dans 90 % des cas, les individus placés sur notice rouge d'Interpol ne sont pas informés de leur situation. Par culture de la discrétion probablement, la France n'a que 40 notices rouges publiques en circulation en janvier 2023. Et nous n'en saurons pas plus. Le BCN de Paris a refusé de nous communiquer son nombre total de notices rouges. La Chine et son milliard et demi d'habitants, qui utilise pourtant beaucoup les canaux d'Interpol depuis quelques années, n'a que 30 notices rouges publiques valides. Les Émirats arabes unis et le Qatar ne partagent quant à eux aucun avis de recherche sur le site web d'Interpol. Pourtant, les plaintes d'individus placés sur notice rouge à la demande d'Abou Dhabi et de Doha sont récurrentes.

D'autres données disponibles en source ouverte nous permettent tout de même d'avoir quelques indices sur les pays émetteurs de notices. Sur le papier, Interpol dispose d'un outil statutairement indépendant : la commission de contrôle des fichiers (CCF). Nous en avons déjà un peu parlé. Cette commission est composée de sept membres, élus par l'assemblée générale d'Interpol, qui sont assistés par un secrétariat. Ils sont des juristes spécialistes en droit international ou des experts en protection des données, et se réunissent au moins trois fois par an, pendant une semaine. En 2023, la présidente est Teresa McHenry, une juriste américaine. Tout citoyen peut saisir cette commission, qui vérifie si les informations d'un individu sont conformes au règlement de l'organisation policière, notamment le fameux article 3, qui interdit de traiter les cas politiques, religieux, militaires ou raciaux. Nous avons sollicité la CCF, mais elle n'a pas donné suite à notre demande d'interview.

Nous avons tout de même trouvé quelques traces de prises de parole de ses membres. Dans un discours à l'assemblée générale d'Interpol de New Delhi, en octobre 2022, Teresa McHenry, ainsi que le vice-président de la CCF, le juriste libanais Mohamed Kamara, expliquent qu'en tant que membres de la commission, « [ils ne se substituent] pas aux autorités judiciaires nationales chargées d'évaluer le bien-fondé d'une extradition. L'intégralité des activités de la commission vise à répondre à une seule question, celle de savoir si les données examinées sont conformes à la réglementation d'Interpol ». En clair, la CCF ne juge pas et ne fait pas d'enquête approfondie.

Depuis une réforme de l'institution menée en 2017 par Jürgen Stock, la CCF a renforcé son indépendance. « Elle s'est considérablement améliorée au cours des dernières années. La CCF joue un rôle positif et rend Interpol plus transparent. Elle est certainement beaucoup plus indépendante qu'elle ne l'était auparavant. Aujourd'hui, elle est en mesure de prendre des décisions contraignantes », affirme Bruno Min, le directeur juridique de l'ONG londonienne Fair Trials International.

Une personne placée sur une notice rouge ou une diffusion d'Interpol peut donc saisir la CCF et demander l'effacement des données. Mais cela peut prendre de longs mois. La CCF elle-même s'est plainte de sa lourde charge de travail et des délais qui en découlent. « La commission est tenue de traiter les demandes dans un délai de quatre mois pour ce qui est des demandes d'accès et dans un délai de neuf mois pour ce qui est des demandes de rectification et d'effacement. Il n'est pas facile de respecter ces délais en raison principalement de la complexité de certains dossiers et de l'augmentation de la charge de travail », peut-on lire dans le rapport d'activité 2019-2020.

En 2021, près de 1 600 requêtes ont été traitées par la commission de contrôle des fichiers d'Interpol. Celles-ci peuvent prendre la forme d'une plainte, d'une demande d'accès aux données ou encore d'une demande de révision. Sur ces requêtes, 478 plaintes ont été jugées recevables par la CCF. Pour près de 300 de ces individus, soit plus de 60 % des plaintes acceptées, les données n'étaient en effet pas jugées conformes aux règlements d'Interpol.

Sans jamais les nommer, la commission de contrôle des fichiers avait même identifié les pratiques abusives de plusieurs pays. « Certains BCN demandent systématiquement une prorogation excessive des délais », déplorait la CCF dans son rapport d'activité de 2021. Un temps dans lequel des opposants politiques par exemple peuvent continuer à être menacés. La CCF regrettait également que plusieurs BCN « transmettent de nouvelles demandes de coopération policière après l'effacement de demandes antérieures similaires, concernant les mêmes personnes mais dans lesquelles le nom du demandeur est orthographié différemment ». En clair, des pratiques de voyous.

Dans son rapport de 2017, la CCF notait une autre méthode des pays abuseurs pour contourner les notices rouges mais aussi les diffusions. Il suffirait pour un pays d'invalider un passeport dans la base de données SLTD d'Interpol, qui contient les informations de documents de voyage et d'identité volés, perdus, révoqués ou invalides, pour provoquer une interpellation. « La commission a traité des affaires dans lesquelles les sources des données avaient envoyé une diffusion aux pays membres d'Interpol afin de demander l'arrestation d'une personne, alors qu'une demande de notice rouge avait déjà été rejetée. Elle a également traité des requêtes montrant que la base de données SLTD avait été utilisée après qu'une diffusion ou une notice visant à l'arrestation d'une personne avait été considérée comme non conforme à la réglementation d'Interpol », peut-on lire dans le rapport de la CCF de cette année-là.

D'après plusieurs ONG et avocats, la Turquie serait coutumière de la pratique depuis la tentative de putsch ratée de 2016. Plusieurs dizaines de milliers de passeports, appartenant à des individus proches du mouvement Gülen, ont été annulés depuis par les autorités turques. Dont celui d'un joueur turc de la NBA, Enes Kanter. En 2017, le basketteur de vingt-cinq ans est arrêté à l'aéroport de Bucarest alors qu'il doit se rendre à Istanbul. Le pivot de 2,08 mètres, futur joueur des Knicks de New York et des Celtics de Boston, comprend que son passeport a été annulé par la Turquie. L'athlète paye ses déclarations politiques contre le président Erdoğan et sa proximité avec le mouvement Gülen. Il restera bloqué plusieurs heures à l'aéroport avant de pouvoir prendre un vol vers Londres. Deux ans plus tard, la Turquie demandera une notice rouge à Interpol contre Enes Kanter, l'accusant d'appartenir à une « organisation terroriste ». En vain.

Entre 2010 et 2017, la CCF avait publié un classement des États étant à la source des données – et donc des problèmes – des requérants. Ces listes nous donnaient une idée des pays qui utilisaient et abusaient potentiellement des canaux d'Interpol, même s'« ils ne rendent pas nécessairement compte des conclusions de la commission sur la conformité ou non des données en provenance de ces pays qui sont traitées dans les fichiers d'Interpol », rappelait la CCF. Ainsi, entre 2010 et 2017, La Russie, les Émirats arabes unis et le Venezuela étaient les seuls États présents chaque année dans le top dix des pays sources des problèmes des requérants. La Chine, la Turquie, les États-Unis, l'Inde, l'Ukraine, l'Égypte ou la Biélorussie apparaissaient aussi régulièrement dans ces classements. En 2017, la Russie ressortait encore loin en tête, devant l'Ukraine et la Turquie. Il s'agissait cependant de la dernière année connue, la CCF ne publiant plus cette liste depuis cinq ans. Le classement des pays qui émettent le plus de notices rouges et de diffusions, litigieuses ou non, reste l'un des secrets les mieux gardés d'Interpol, qui refuse de comparer les pays entre eux.

D'autres institutions s'en chargent pour elle. En juin 2022, le Parlement européen présentait un rapport en vue d'un accord de coopération entre l'Union européenne et Interpol. Dans ce texte, les députés, inquiets, invitaient Interpol « à prendre des mesures immédiates pour suspendre l'adhésion à Interpol des pays qui font intentionnellement un usage abusif des systèmes de notice rouge et de diffusion, tels que la Russie et la Biélorussie, ainsi que leur droit d'accès à la base de données de cette organisation, étant donné le risque élevé d'abus et de violations graves des droits fondamentaux et de ciblage des dissidents ». Les élus n'hésitaient pas à citer nommément des pays.

En réponse au Parlement européen, Jürgen Stock minimisait le problème et assurait prendre des « mesures correctives » contre les pays abuseurs. Sans jamais les nommer. « Si nous identifions des problèmes répétés de non-conformité à nos règles ou des doutes sur la capacité d'un BCN à fonctionner en application des règles, nous pouvons décider d'appliquer des mesures provisoires ou correctives », expliqua le secrétaire général d'Interpol devant un comité du Parlement à Bruxelles, en décembre 2022. « Ces mesures peuvent aller de mesures de surveillance renforcée à une suspension totale de l'accès d'un pays membre au système et aux droits de traitement. Cinq pays sont actuellement soumis à différents niveaux de mesures correctives. » Des mesures à l'efficacité pour le moins contestable.

Car malgré tous les efforts d'Interpol, en l'espace de cinq ans, le nombre de notices rouges et de diffusions non conformes avait augmenté, passant de 794 en 2017 à 1270 en 2021. De l'aveu même du patron de l'organisation policière. En 2016, lors d'un entretien à Lyon pour notre documentaire d'Arte avec le coréalisateur Mathieu Verboud, Jürgen Stock attestait face caméra que « 1 à 2 % [des notices] sont litigieuses et font l'objet de contestations ». En décembre 2022, devant le Parlement européen, le patron d'Interpol affirmait que sur les 24 000 notices rouges et diffusions publiées en 2021, « 5 % du total » ont été refusés ou annulés. Jürgen Stock restait confiant, retenait le positif. Pour lui, cela signifiait que « 95 % des demandes ont satisfait aux exigences rigoureuses de notre constitution et de nos règles ».

Fin 2022, face aux critiques, Interpol faisait œuvre de transparence et publiait sur son site des statistiques plus détaillées, dont le nombre de rejets de notices et de diffusions rouges entre 2017 et 2021. Près de 1 300 notices rouges et diffusions pour des individus recherchés étaient ainsi refusées ou annulées en 2021 par la *task force* d'Interpol. Soit 5 % du total, comme l'avait justement relevé Jürgen Stock. Mais sans que l'on sache précisément le nombre de refus d'un côté, et le nombre d'annulations de l'autre. Or, la distinction est importante. L'annulation signifie que la notice a d'abord été validée par le secrétariat général d'Interpol, puis supprimée à la suite d'un réexamen d'affaire. Entre-temps, la personne lésée a pu être arrêtée, emprisonnée, extradée. « Le processus d'examen est beaucoup plus rigoureux qu'avant la création de la *task force*, avec des garanties et une expertise renforcées », nous explique-t-on du côté du secrétariat général d'Interpol. « Cette procédure améliorée a sans aucun doute permis de réduire le nombre de demandes non conformes, ainsi que d'identifier et d'annuler les avis précédemment publiés qui n'étaient plus jugés conformes. » Sans qu'Interpol nous donne de statistiques précises sur cette réduction des demandes non conformes.

Le chiffre de 5 % de Jürgen Stock était dans tous les cas minimal, car il ne tenait pas compte des effacements de données de la CCF, qui interviennent a posteriori, sur la base de plaintes. Pour la seule année 2021, cela concernait près de 300 individus. Il ne prenait pas non plus en compte les abus de notices de couleurs différentes ou d'autres canaux d'Interpol, comme la base de données SLTD, qui contient les informations de documents de voyage et d'identité volés, perdus, révoqués ou invalides.

Une chose est certaine. Derrière ces statistiques brutes, ce sont des noms, des visages, des individus et des familles. Chaque année, des centaines de citoyens innocents, inscrits dans les bases de données d'Interpol, peuvent être potentiellement arrêtés, extradés et mis en danger. Parfois sans procès équitable ni respect des droits humains. Dans les pires dictatures et régimes autoritaires du monde.

15

Les griffes de l'ours

« *La crainte permanente d'être arrêté.* »

ELISABETH BAIER

Berlin (Allemagne), janvier 2023

Il s'est fait traiter de fraudeur, de voleur, de grand criminel. Pendant plus de deux ans, l'informaticien russe Alexey Shkittin a été recherché par Interpol. Son « affaire », que nous révélons dans ce livre, illustre la façon dont Moscou arrive encore à contourner avec succès les règles de l'organisation policière. Et montre quel impact une notice rouge ou une diffusion d'Interpol peut avoir sur la vie d'un homme et de sa famille.

Alexey Shkittin donne rendez-vous à Robert un lundi matin de janvier, dans un bureau du centre de Berlin. Cet homme de cinquante ans, qui en paraît quinze de moins, attend devant l'immeuble, comme s'il voulait s'assurer qu'il ne s'agit pas d'un piège. « Venez avec moi », glisse-t-il. Robert, accompagné d'une traductrice, le suit au premier étage. L'interview se tient dans une grande salle de conférence d'un espace de *coworking*. L'informaticien n'est pas seul lors de cet entretien. Il est entouré de deux collègues, de nationalité russe eux aussi, de la société InterLIR, un fournisseur de services informatiques.

Que reproche Moscou à cet informaticien ? En tant qu'employé de l'Institut de recherche russe pour le développement des réseaux publics et membre du conseil d'administration de la « Fondation pour le développement de l'Internet » de son pays, Alexey Shkittin administrait le domaine « .su », une relique de l'Union soviétique. L'institut de recherche russe était également chargé d'attribuer des adresses IP, les numéros d'identification des ordinateurs reliés à Internet. En transférant, en 2019, plus de 400 000 adresses IP à une société tchèque et en quittant la Russie, M. Shkittin devient l'adversaire du Kremlin, qui juge ce transfert illégal. Mais pour l'informaticien, les services fournis par lui et ses collègues étaient en voie à l'époque d'être intégrés dans ce qu'appelle le gouvernement la « zone du domaine national », en vertu de la loi russe sur le « RuNet souverain ». Une façon de les mettre sous contrôle de l'État. « Notre plan était de laisser une porte ouverte à l'Internet russe », explique Alexey Shkittin autour d'un café. « Personne ne m'a demandé de le faire. C'était mon idée. »

C'est alors que débute le calvaire du Russe. « Je suis allé à Prague et le lendemain, j'ai reçu un appel de Moscou, me disant qu'ils contestaient ce que nous avions fait. Pour nous, c'était tout à fait légal », explique Alexey Shkittin. « Une adresse IP n'est pas une propriété, elle n'appartient à personne. Les adresses IP peuvent être transférées avec ou sans transfert d'argent. Ce n'est pas réglementé. Il n'y avait pas lieu d'engager une procédure pénale », estime l'informaticien.

Une enquête du Kremlin est lancée contre lui et deux de ses collègues. Alexey Shkittin est accusé de fraude à grande échelle et risque dix ans d'emprisonnement. Le 27 décembre 2019, un tribunal de Moscou lance un mandat d'arrêt à son encontre, suivi d'une diffusion Interpol le 23 mars 2020. Or, peu de temps après, nous dit-il, l'affaire est reclassée, revue à la baisse. Rapidement, on l'accuse seulement d'abus de pouvoir, sans pour autant en informer l'organisation policière. « Le problème avec Interpol, c'est qu'ils n'entrent pas dans les détails », juge l'informaticien.

En 2020, Shkittin s'est installé à Berlin. On lui a proposé un poste de conseiller en gestion d'entreprise, lui permettant d'obtenir un visa de travail. En décembre, il part en vacances en République tchèque, pour y retrouver des amis et acheter quelques cadeaux. Une décision qu'il regrette aussitôt. « Lorsque je suis allé à Prague pour les vacances de Noël, j'ai été suivi par des personnes intimidantes et effrayantes », raconte-t-il. « Il était évident qu'ils me suivaient. Ils ne m'ont jamais parlé. Lorsque j'étais sur une aire de jeux avec mes enfants, ils me regardaient constamment. »

À Berlin, la famille déménage à plusieurs reprises. Début 2021, alors qu'ils louent un appartement depuis plusieurs mois, ils sont cambriolés. « Le 6 janvier, un mercredi, je suis allé voir notre avocat. Nous avons été absents pendant environ quatre heures », raconte-t-il. « Entre-temps, quelqu'un s'est introduit dans notre appartement et a volé nos cartes d'identité, nos passeports et nos ordinateurs portables. Aucun autre appareil n'a été volé, ils n'ont pas pris d'argent ni de bijoux. Ils ont également pris nos cartes de crédit que je n'avais pas bloquées, mais personne n'a jamais essayé de les utiliser. Ils n'ont jamais trouvé le coupable. »

D'après des documents internes que nous nous sommes procurés, il faudra attendre juin 2022, deux ans après l'émission de la diffusion d'Alexey Shkittin, pour qu'Interpol retire son nom de ses bases de données, à la suite d'une décision de la commission de contrôle des fichiers. Dans ses rendus, la CCF rappelle d'abord « qu'elle n'est pas habilitée à mener une enquête, à évaluer les preuves ou à se prononcer sur le fond d'une affaire. Cette fonction incombe aux autorités nationales compétentes ». Mais elle estime que les éléments fournis par la Russie ne sont pas suffisants. « Sur la base des informations limitées fournies par le BCN de Russie, la commission ne peut pas déterminer que la diffusion fournit une description adéquate des faits afin d'expliquer et de justifier les accusations, et de lier le requérant à titre individuel à ces accusations, ce qui est contraire aux exigences des articles 12 et 99 du RPD[1] », écrit la commission de contrôle dans sa décision. Un mois plus tard, un document officiel d'Interpol, envoyé à Alexey Shkittin, lui certifie le retrait de la diffusion.

À QUI DE DROIT
Ref : XX/XXXXX-XXXX

Le Secrétariat général de l'Organisation internationale de police criminelle (INTERPOL) certifie par la présente qu'à ce jour, M. SHKITTIN Alexey, né le 18 décembre 1973, ne fait pas l'objet d'une notice ou d'une diffusion INTERPOL.

Fait à Lyon, le 22 juillet 2022.
Bureau des affaires juridiques
Secrétariat général
Interpol

« Les aperçus que j'ai pu obtenir sur le système d'information et de suppression d'Interpol étaient effrayants », commente Elisabeth Baier, son avocate allemande. « Dans ce cas, tout portait à croire que le client était muselé par une procédure pénale fictive en Russie parce qu'il essayait, en tant qu'informaticien et entrepreneur, de s'opposer aux restrictions massives de la liberté de l'Internet russe », regrette-t-elle. Avec le système des notices et des diffusions d'Interpol, la Russie aurait trouvé « l'instrument

1. Règlement de protection des données d'Interpol.

parfait pour le retenir en Allemagne pendant plus de deux ans », explique l'avocate. « Aujourd'hui encore, il vit dans la crainte permanente d'être arrêté lorsqu'il se rend dans d'autres pays. »

Alexey Shkittin était loin d'être un cas isolé. Depuis plusieurs années, la Russie était le pays le plus pointé du doigt pour son utilisation abusive des notices et des diffusions Interpol. Malgré nos relances, l'ambassade de Russie en France n'a jamais répondu à nos questions sur ces abus. Mais de fait, chaque année entre 2012 et 2017, dernier millésime connu, la Russie s'affichait en tête des États étant à la source des problèmes des requérants s'adressant à la commission de contrôle des fichiers d'Interpol.

En juin 2022, dans un rapport, le Parlement européen avait également exprimé une forte inquiétude, expliquant que « la Russie est à l'origine d'un très grand nombre de notices rouges et de diffusions dans le monde entier et qu'elle est responsable de la diffusion de la plupart des notices rouges motivées par des considérations politiques, y compris à l'encontre de citoyens de l'Union ». Le rapport allait plus loin et invitait à « suspendre de l'organisation la Russie et d'autres pays qui abusent constamment d'Interpol pour des raisons politiques ».

Quelques mois plus tôt, à la suite de l'invasion de l'Ukraine, Interpol avait déjà déclaré mettre en place « des mesures renforcées de contrôle et de suivi à l'égard de la Russie », pour « empêcher toute utilisation abusive du canal d'Interpol pour cibler des personnes dans le cadre du conflit ou au-delà de ce conflit ». C'était la première fois que l'organisation policière citait nommément un pays visé par des mesures de contrôle spécifiques. Quant à l'invitation à suspendre le pays de l'organisation, ou encore à lui restreindre l'accès aux bases de données, demandes déjà formulées par plusieurs pays, la réponse du secrétariat générale était claire : « Tant que le réseau d'Interpol peut aider à secourir un enfant victime d'abus, à empêcher un attentat terroriste ou à identifier une personne disparue, il est du devoir de l'organisation de faire en sorte que les lignes de communication demeurent ouvertes ». Tant pis si cela impliquait quelques dommages collatéraux.

Nous avons enquêté sur une autre affaire inquiétante de citoyen russe recherché par Interpol pour des raisons politiques. Une série d'articles avait d'abord attiré notre attention. « Le principal critique de Kadyrov, Toumso Abdourakhmanov, tué ». Un papier du service russe du média Radio Free Europe, publié le 5 décembre 2022, avait provoqué une avalanche d'articles de presse. Des médias comme *The Telegraph*, *Vice*, *Novaïa Gazeta*, *The New York Post*, *Marianne* ou *Courrier International* reprenaient l'information et l'hypothèse selon laquelle ce blogueur star de trente-six ans aurait été assassiné.

Mais très vite, des doutes sur son décès se font entendre. Le 21 février 2023, Toumso Abdourakhmanov donne finalement un signe de vie sur YouTube, sans pour autant s'exprimer sur sa disparition. Ce n'est que mi-avril qu'il dévoile sur sa chaîne que sa mort n'était qu'une mise en scène orchestrée avec l'aide de certains de ses amis. Un procédé macabre, qui montre bien les traces que peuvent laisser dans la vie d'un jeune homme un exil forcé et une traque internationale. Car son histoire est digne d'un roman d'espionnage, et les notices rouges d'Interpol y tiennent un rôle inquiétant.

Qui est « Toumso » ? Né en 1985 à Grozny, la capitale de la république russe de Tchétchénie, Toumso Abdourakhmanov a dû fuir sa région natale avec sa famille en 2015, craignant pour sa vie à la suite d'un conflit avec un membre de la famille du dictateur tchétchène, Ramzan Kadyrov. Le gouvernement accuse alors ce musulman de confession de partir vers la Syrie et l'État islamique. Pour se défendre, le jeune homme ironise sur Kadyrov et sa famille sur YouTube. En quelques années, ce blogueur se retrouve à la tête d'une audience de près d'un demi-million de personnes en ligne. Fervent défenseur de l'indépendance de la Tchétchénie, Abdourakhmanov passe d'abord par la Géorgie, puis la Pologne, qui lui refuse l'asile. Avant de trouver finalement refuge en Suède. En février 2020, il survit à une terrible tentative d'assassinat à son domicile. L'agresseur l'avait frappé à la tête avec un marteau. Un an plus tôt, le président du parlement tchétchène avait lancé « une vendetta de sang » contre le blogueur.

Comment Interpol a-t-elle pu participer à la traque d'un simple youtubeur ? D'après des documents en notre possession, le BCN de Moscou a réussi à imposer par deux fois des notices rouges à l'encontre de Toumso Abdourakhmanov. En 2017, une première notice est supprimée par la CCF. Mais, en 2021, une nouvelle notice rouge est publiée par Interpol à la demande des Russes, cette fois-ci après la publication de vidéos sur YouTube, dans lesquelles Toumso Abdourakhmanov aurait fait l'apologie du terrorisme en Syrie. Ce qu'il dément. À nouveau, la notice est retirée à la suite d'une plainte auprès de la commission de contrôle des fichiers. D'après la CCF, les données soulèvent « de sérieuses préoccupations quant à leur respect de l'article 2 de la constitution d'Interpol ». Cet article, l'un des plus importants, indique notamment qu'Interpol doit agir « dans l'esprit de la Déclaration universelle des droits de l'homme ».

La Russie de Vladimir Poutine est un abuseur de longue date du système, mais Interpol a tardé à prendre des mesures de contrôle plus strictes contre « l'ours russe ». En 2014, déjà, Mathieu racontait pour le média *Slate* les mésaventures de Nikolai Kobliakov, un Franco-Russe victime d'une notice rouge d'Interpol émise à la demande de la Russie. L'entrepreneur, qui s'est spécialisé dans l'aide aux personnes âgées, était accusé d'escroquerie par une société russe sur le territoire français. La société avait été déboutée par la cour d'appel de Paris, ce qui n'avait pas empêché Interpol de valider une notice rouge qui, de fait, avait provoqué l'arrestation de Nikolai Kobliakov en Bulgarie, en juillet 2014. Nikolai y restera enfermé trois mois, avant que Sofia ne décide de rejeter la demande d'extradition de Moscou. La notice, elle, restera en vigueur jusqu'en mai 2015, selon un document de la CCF que nous avons pu consulter.

Huit ans plus tard, Nikolai Kobliakov est le président de Russie-Libertés, une association basée à Paris qui milite pour le développement d'une démocratie en Russie. Mathieu le contacte via WhatsApp au printemps 2023.

MATHIEU. Après le retrait de la notice en 2015, est-ce que vous avez eu des problèmes dans certains voyages, certains déplacements ?

NIKOLAI. Non, mais j'ai essayé de ne pas quitter le territoire de la Communauté européenne, pour être honnête. J'ai aussi eu peur. La première fois que j'ai quitté le territoire de la Communauté européenne, c'était après le début de la guerre en Ukraine. J'ai été en Équateur. Par contre, j'ai demandé au policier à Charles-de-Gaulle s'il pouvait scanner mon passeport. Je voulais être sûr que si j'étais arrêté, j'étais arrêté sur le sol français, pas en Équateur. Il a vérifié et m'a dit que tout allait bien, que je n'étais pas dans le système.

C'était ça, aussi, l'un des dommages collatéraux des notices rouges. Pendant leur diffusion et même après leur retrait, des citoyens innocents avaient peur d'être arrêtés à un poste-frontière. Ils craignaient de voyager. Leur liberté de mouvement était entravée.

C'est ce qui était arrivé à Yoann Barbereau. Son histoire incroyable, qui a été d'ailleurs adaptée librement au cinéma avec

Gilles Lellouche dans son rôle, ressemble à un polar à multiples rebondissements. « Je me suis dit : comment est-ce possible qu'Interpol tombe dans un piège aussi gros ? C'était sidérant », se souvient Jimmy, notre ancien agent.

Yoann Barbereau était le directeur de l'Alliance française d'Irkoutsk, en Sibérie. Le 11 février 2015, il est arrêté, devant sa femme et sa fille, par des hommes cagoulés. On l'accuse de violences sexuelles sur sa propre fille de cinq ans. Il est incarcéré soixante et onze jours, interné en hôpital psychiatrique puis placé en résidence surveillée, où il parvient à s'évader. En cavale, il enveloppe son bracelet électronique dans du papier aluminium et multiplie les fausses pistes pour semer la police russe, comme le révèle un reportage d'*Envoyé spécial*. Il trouve finalement refuge à l'ambassade de France à Moscou. En décembre 2016, il est condamné par contumace à quinze ans de camp en Sibérie.

Yoann Barbereau décide alors de fuir le pays par ses propres moyens. À pied, il passe la frontière d'un pays balte. Il évite les chiens, les tireurs au poste-frontière. « J'ai vraiment risqué ma vie », déclarera-t-il à la journaliste Élise Lucet, une fois arrivé en France en novembre 2017, après une cavale de 8 000 kilomètres dans des conditions rocambolesques. Il dément alors toutes les accusations qui pèsent contre lui et dit avoir été victime d'un « *kompromat* ». Il s'agit d'une pratique courante en Russie, visant à éliminer ou faire chanter des opposants : on monte contre eux un dossier compromettant à caractère sexuel.

Entre-temps, Moscou a demandé à Interpol d'émettre une notice rouge. En dépit de la longue tradition du *kompromat* russe, l'agence policière et sa *task force* ont validé la notice. « Aujourd'hui, je suis bloqué en France », explique Yoann Barbereau sur le plateau de France 2 en 2017. Malgré l'énorme médiatisation de son cas, la notice rouge restera active jusqu'en août 2020, date à laquelle la

CCF admet que l'affaire revêt « une dimension essentiellement politique ». « Cela signifie que le monde s'ouvre de nouveau », a réagi Yoann Barbereau en apprenant la nouvelle par le biais de l'AFP. « Si le covid me prête vie, peut-être pourrai-je voyager un jour. »

16

Un policier en exil

« *J'ai décidé de ne pas suivre des ordres criminels.* »

Alexander Azarov

Varsovie (Pologne), novembre 2022

Alexander Azarov est déjà sur place lorsque Robert franchit la porte du Cafe Kulturalna. L'ancien haut policier biélorusse l'attend dans un coin discret de ce lieu branché du centre de Varsovie. En fond, une musique lounge, le claquement des tasses et le ronronnement de la machine à café. Azarov boit un thé Earl Grey et semble détendu. Pour autant, ce « grand flic » a passé des moments difficiles. Jusqu'en 2019, il était notamment très impliqué dans la coopération avec Interpol au sein du ministère de l'Intérieur, à Minsk. Du jour au lendemain, il a dû fuir son pays. « J'ai décidé de ne pas suivre des ordres criminels », raconte-t-il. Selon lui, son gouvernement commençait dès 2020 à abuser massivement des forces de police contre ses opposants. « C'est pour cette raison que j'ai demandé ma mutation. » Alors qu'Azarov attend une réponse, il reçoit un soir un coup de téléphone. « Un ancien collègue m'informe que les autorités comptent m'arrêter. » Il fait aussitôt ses bagages et quitte le pays avec sa famille. Direction la Pologne, où il réside depuis.

Son parcours était pourtant sans tache. Né en 1977 à Minsk, la capitale biélorusse, Alexander Azarov progresse très vite au sein des organes policiers de l'État. D'abord simple enquêteur sur des affaires ordinaires concernant la municipalité, il commence, dès 2007, à se pencher sur des dossiers plus importants, comme la traite des êtres humains. Puis, il intègre le département de lutte contre le crime organisé et la corruption au sein du ministère de l'Intérieur, le GUBOPiK, où il gère aussi les échanges avec Interpol. En parallèle, il poursuit des études de droit et d'économie, approfondit son anglais et obtient le grade de lieutenant-colonel.

En 2020, le pays vit un véritable soulèvement populaire. En août, la réélection du président autoritaire Alexandre Loukachenko, avec 80 % des voix, est vivement contestée et des soupçons de fraudes électorales massives déclenchent d'importantes manifestations. Les images de la répression policière contre les manifestants font le tour du monde. D'après un rapport de l'ONU, fin mars 2023, la Biélorussie comptait plus de 1 400 prisonniers politiques. Ce que peu de gens savent, c'est que le gouvernement, dans sa traque contre les opposants, a également abusé du système d'Interpol. Et Azarov dit en avoir les preuves matérielles.

À voix basse, il raconte avoir obtenu un grand nombre de fichiers issus de la base de données de son ministère. Depuis son arrivée en Pologne, l'ancien haut policier les exploite pour le compte de Bypol, une association qui regroupe, d'après son site web, des « centaines d'anciens et actuels agents des forces de l'ordre », partisans de l'opposition, dont il est le président. Dans ses dossiers, se trouvent des écoutes qui prouveraient que le gouvernement de Loukachenko contourne sciemment les règles d'Interpol. Publiés en octobre 2021 dans une vidéo sur la chaîne YouTube de l'association, ces enregistrements sont cités par des médias biélorusses indépendants, qui les jugent authentiques, mais passent inaperçus dans la presse occidentale. Leur contenu est pourtant effrayant.

Plusieurs fichiers sonores sont présentés dans la vidéo. Un enregistrement concerne une conversation téléphonique entre un employé du bureau biélorusse d'Interpol et un policier de Minsk. On y apprend que l'officier du BCN d'Interpol donne des conseils à l'enquêteur pour « faire passer » une notice rouge « clairement politique ». Il lui suggère alors de ne pas mentionner que les manifestants ont peint sur un mur des drapeaux blanc-rouge-blanc, symbole de la lutte pour la démocratie en Biélorussie, mais seulement que ce mur a été dégradé. « Ensuite, ça peut passer. »

Dans un deuxième enregistrement, le responsable du BCN de Minsk échange avec un cadre du bureau du procureur général. Ils discutent de l'avertissement du secrétariat général d'Interpol, envoyé après plusieurs abus du système. « Si nous continuons, ils nous enverront devant le comité exécutif pour nous déconnecter », explique le patron du BCN biélorusse.

Un troisième enregistrement s'avère encore plus terrible. On y entend une conversation entre le même chef du BCN biélorusse et un cadre de ce bureau national d'Interpol. Les deux agents discutent de la manière dont ils comptent arrêter un homme de nationalité étrangère, recherché par Interpol. Et s'amusent à imaginer comment ils pourraient... le torturer :

— *Considérant qu'il est avec nous avec des notices.*

— *Oui, oui, oui...*

— *Il ne pourra pas passer la frontière...*

— *Il ne pourra pas, c'est sûr.*

— *Il n'est déjà nulle part… Il ne va nulle part. Nous l'attraperons et le torturerons brutalement (rires).*

— *Et nous savons bien comment torturer.*

— *Eh bien, c'est notre travail (rires).*

— *Oui, « Tu me fais mal ! » Faire mal est notre travail (rires).*

— *Oui ! (Rires). Oui, oui, oui, oui, oui. C'est notre travail.*

Ces discussions entre hauts policiers sont glaçantes. Sollicité par mail, le ministère de l'Intérieur biélorusse n'a pas répondu à nos questions concernant ces écoutes diffusées par Bypol.

Ces enregistrements explosifs sont-ils crédibles ? Nous avons cherché à le vérifier auprès d'experts de la politique et de la justice biélorusses.

Nous nous procurons les fichiers sonores utilisés pour la vidéo de Bypol, que nous partageons avec des chercheurs, des journalistes et des juristes. Ces sources nous confirment, parfois sous couvert d'anonymat, l'authenticité probable de ces enregistrements. Ils émanent d'un collectif de hackers, « les cyberpartisans biélorusses ». Depuis les manifestations de 2020, le groupe est connu pour des cyberattaques contre le gouvernement de Loukachenko. Leurs actions ont été relayées par des médias comme le *Guardian* ou Associated Press. Sur sa chaîne Telegram, le collectif explique que ces enregistrements leur seraient simplement « tombés dans les mains ».

Certains de nos experts sont néanmoins moins cléments avec l'association Bypol. Ses activités et ses finances sont parfois considérées comme peu transparentes. C'est pourquoi certains de ses membres, y compris des fondateurs, ont quitté l'organisation.

Plusieurs chercheurs indépendants continuent toutefois à légitimer le travail de Bypol. Ioulia Shukan est maîtresse de conférences en études slaves à l'université Paris-Nanterre. Pour cette sociologue spécialiste de l'Ukraine et de la Biélorussie, Bypol semble être « une association sérieuse, même si ses représentants ne communiquent pas beaucoup sur leurs sources ».

Yauheni Kryzhanouski, chercheur en sciences politiques rattaché à l'université de Strasbourg, reconnu comme spécialiste des mouvements protestataires en Biélorussie, reconnaît de son côté : « Concernant les enregistrements, je n'ai pas de compétences techniques suffisantes pour confirmer formellement leur authenticité, mais ce que je peux en dire est que la source est bel et bien Bypol, que par le passé ils ont publié plusieurs fuites de ce genre, et les médias indépendants biélorusses leur font confiance ». Le chercheur d'origine biélorusse précise qu'« à partir du contenu et de la teneur, je dirais qu'il est probable qu'il s'agisse d'enregistrements authentiques. Le jargon employé par les figurants correspond bien à l'habitus des forces de l'ordre, et le contenu n'est guère étonnant. Les collaborateurs du bureau national d'Interpol sont des policiers biélorusses, il semble logique qu'ils essayent de favoriser le régime biélorusse. De plus, les usages politiques du système d'Interpol ont déjà été documentés ».

La presse se fait en effet régulièrement l'écho d'affaires concrètes. En septembre 2021, Makary Malachowski, opposant biélorusse de 27 ans, réfugié en Pologne avec un visa humanitaire, a été arrêté par la police polonaise près de la ville de Piaseczno, au sud de l'agglomération de Varsovie, comme le rapporte le média biélorusse indépendant *Belsat*. Le jeune homme faisait l'objet d'une notice rouge d'Interpol émise à la demande de la police biélorusse. Il a été relâché peu après, mais cette mésaventure rappelle que Minsk a le bras long. Le ministre de l'Intérieur polonais, Mariusz Kaminski, avait aussitôt réagi sur Twitter.

@Kaminski-M- – 13 sept 2021
La détention, hier, d'un citoyen biélorusse à Piaseczno est le résultat d'une autre tentative politique d'utiliser les notices rouges d'Interpol. Cette fois par le régime biélorusse. Déjà en juillet, je me suis tourné vers les autorités @INTERPOL-HQ, indiquant la nécessité de changements dans ce domaine.

Ce n'était pas la première fois que Minsk était pointé du doigt pour ses abus du système d'Interpol. « Il semblerait (…) que la coopération avec la Biélorussie par l'intermédiaire d'Interpol puisse comporter des risques pour des acteurs de la société civile », alertait déjà en 2013 Nils Muižnieks, à l'époque commissaire aux droits de l'homme du Conseil de l'Europe. Par la suite, d'autres voix se sont levées. Celles des ONG, mais aussi, plus récemment, du Parlement européen. Ce dernier invitait l'organisation policière, en juin 2022, « à prendre des mesures immédiates pour suspendre l'adhésion à Interpol des pays qui font intentionnellement un usage abusif des systèmes de notice rouge et de diffusion, tels que la Russie et la Biélorussie, ainsi que leur droit d'accès à la base de données de cette organisation, étant donné le risque élevé d'abus et de violations graves des droits fondamentaux et de ciblage des dissidents ».

Lorsque Alexander Azarov travaillait encore au ministère biélorusse de l'Intérieur, il se rendait bien compte que le gouvernement ne s'attaquait pas seulement à une poignée d'opposants, mais à un très grand nombre de personnes. « À l'été 2020, la police biélorusse a créé une base de données contenant des milliers de fichiers sur ce qu'ils appelaient des personnes ayant un comportement inadapté », révèle le président de Bypol. Quelques mois plus tard, la chaîne d'État Belarus 1 confirmait les détails de ce dispositif hors norme : « Le ministère de l'Intérieur a lancé un système d'information unifié. Il s'agit d'une base de données d'actions non autorisées. Elle permet l'accumulation en temps réel d'informations à l'échelle nationale concernant chaque participant au mouvement de protestation ». Pour Azarov, Minsk aurait tiré parti de cette gigantesque masse d'informations pour traquer des opposants politiques à l'étranger. « Je sais que Loukachenko a utilisé Interpol de deux manières. Pour les avis de recherche et pour les demandes d'informations. » Soit des notices de couleur bleue, beaucoup moins connues.

Quand tous les projecteurs sont tournés vers Moscou depuis l'invasion de l'Ukraine, les abus de Minsk passent plus facilement sous les radars. Depuis quelques années, la Biélorussie essaye de faire bonne figure au sein d'Interpol, du moins en apparence. En 2018, dix individus considérés comme terroristes, qui tentaient de traverser la Biélorussie, ont été arrêtés. L'un d'entre eux était un citoyen russe, dont le nom avait été inscrit sur la liste des personnes recherchées par Interpol, à la demande de l'Autriche, rapporte fièrement l'agence de presse biélorusse Belta. En 2019, Minsk dit avoir contribué à une enquête sur la pédopornographie avec le BCN de Paris. En septembre 2020, la police biélorusse participe à une conférence de l'Organisation pour la sécurité et la coopération en Europe (OSCE), à Prague. Un responsable de la cellule de renseignement financier y raconte une affaire dans laquelle un haut fonctionnaire aurait été arrêté, soupçonné d'avoir détourné cinq millions de dollars de fonds publics. « Après avoir recueilli des données supplémentaires et obtenu la confirmation d'Interpol que l'argent transféré en Biélorussie avait été obtenu illégalement, le service a ouvert une procédure pénale pour blanchiment d'argent », explique le fonctionnaire de Minsk.

C'est bien là le problème, avec les dictatures et les régimes autoritaires. Eux aussi ont de vrais criminels. « C'est toute la difficulté », nous explique Jimmy, l'ancien agent d'Interpol. « Effectivement, tous les pays membres ne sont pas des démocraties. Pour autant, même une dictature peut avoir une volonté légitime de vouloir arrêter l'un de ses criminels. Ce n'est pas parce que c'est une dictature qu'elle n'a pas de criminels, qu'elle n'est pas en droit d'arrêter un pédophile international ou quelqu'un qui a fait de la fraude fiscale de grande ampleur », décrypte notre source.

Il n'empêche que Minsk utilise bel et bien Interpol d'une manière abusive, à des fins politiques. L'une de ses cibles les plus célèbres : Pavel Latouchka, ambassadeur de Biélorussie en France de 2012 à 2019. Cet ancien ministre de la Culture sous Loukachenko est désormais l'un de ses principaux détracteurs, en tant que membre actif du Conseil de coordination de l'opposition. En janvier 2021, l'agence de presse officielle du régime écrit que « le bureau du procureur général a envoyé au bureau national d'Interpol en Biélorussie un ensemble de documents pour lancer une recherche internationale contre Pavel Latouchka ». Ce dernier serait, entre autres, accusé de « conspiration ou autres actions commises dans le but de s'emparer du pouvoir de l'État ou de le conserver de manière inconstitutionnelle ».

Pavel Latouchka, que nous sollicitons via l'application cryptée Telegram, se dit toutefois satisfait de la réaction d'Interpol dans son cas. « Interpol a refusé de nous rechercher, Svetlana[1] et moi-même, dans le cadre de cette affaire, qui a abouti à un verdict par contumace », explique-t-il. Le 6 mars 2023, un tribunal de Minsk a en effet condamné l'ancien ministre de la Culture à dix-huit ans de prison, la cheffe de l'opposition à quinze ans. Leurs biens ont été saisis. Latouchka alerte sur le fait que « les militants ordinaires et les réfugiés politiques rencontrent toujours des difficultés [avec Interpol], qui heureusement se terminent bien dans la plupart des

1. Svetlana Tikhanovskaïa, cheffe de l'opposition biélorusse en exil.

cas ». Mais l'opposant craint pour autant que le régime poursuive « ses tentatives subtiles ». Selon lui, des personnes seraient inculpées « de fausses accusations de vol, de fraude, de vol de véhicule et de tout autre crime "non politique" ».

Les abus du système d'Interpol par Minsk, mais aussi par son allié russe, sont dénoncés avec force par la Lituanie, pays frontalier, membre de l'Union européenne et base arrière de l'opposition biélorusse. « Le ministre ne cesse d'exprimer ses inquiétudes quant à l'utilisation d'Interpol et du système des notices rouges par la Russie et la Biélorussie pour persécuter les opposants aux régimes politiques », nous écrit par mail Dainius Daukša, porte-parole du ministère lituanien de l'Intérieur. « La Lituanie a déjà été confrontée aux tentatives de la Russie d'utiliser le système des notices rouges d'Interpol pour cibler les juges et les procureurs lituaniens impliqués dans l'affaire dite du 13 janvier, une affaire dans laquelle un certain nombre de citoyens russes, biélorusses et ukrainiens ont été reconnus coupables de crimes de guerre, de crimes contre l'humanité et de participation à une agression contre l'État de Lituanie en 1991 », explique le porte-parole. Il évoque une seconde affaire, directement liée à Minsk. « Le régime biélorusse aurait directement abusé du système quand en 2021, le bureau central national de Minsk a envoyé aux États membres une demande d'informations sur la localisation de plus de 800 personnes, pour la plupart des Lituaniens (y compris l'ancien président de la république de Lituanie), sur la base d'accusations forgées de toutes pièces concernant d'éventuels crimes commis pendant la Seconde Guerre mondiale », dénonce Dainius Daukša.

Pour le chercheur Yauheni Kryzhanouski, « il s'agit de deux affaires » bien distinctes. « La première est celle du 13 janvier 1991 », explique le politologue strasbourgeois. « Pendant les manifestations qui ont mené à l'indépendance de la Lituanie, le parquet lituanien a demandé la détention et l'extradition des personnes ayant ordonné ou participé à la prise par les forces spéciales soviétiques de la tour de télévision lituanienne, occupée par les indépendantistes, et qui a fait 14 morts. » La Lituanie demanderait alors depuis 1992 l'extradition de deux citoyens biélorusses, requête jamais satisfaite. « Le ministère parle ici de la pression à l'encontre de juges et procureurs lituaniens de la part de la Russie à travers le système d'Interpol », précise Yauheni Kryzhanouski, qui rappelle l'existence d'une résolution du Parlement européen sur ce cas d'intimidation, en novembre 2019.

La seconde affaire, elle, serait liée à l'enquête, très politique, du parquet général biélorusse sur le « génocide du peuple biélorusse » pendant la Seconde Guerre mondiale. Cette enquête s'inscrirait, selon l'expert, dans une double stratégie. « D'un côté, la diabolisation de l'Occident présenté comme le berceau du nazisme et un refuge pour les nazis, couplée à la victimisation du peuple biélorusse face à cet Occident et à la glorification du passé soviétique stalinien. De l'autre, un amalgame entre l'opposition biélorusse et le nazisme car l'opposition est soutenue par cet Occident », décrypte le politologue. Dans le cadre de cette enquête, le gouvernement biélorusse s'occuperait, notamment, « de calculer des sommes astronomiques de compensation à demander à l'Occident pour ce "génocide", à imaginer des procès posthumes contre les dignitaires nazis, et à lancer des demandes de détention et d'interrogatoire à l'international ».

En avril 2023, nous avons contacté par mail l'ambassade de Biélorussie en France, leur adressant des questions précises sur les abus du système d'Interpol par la Biélorussie et les enregistrements dévoilés par Bypol. « Malheureusement, les questions que vous avez posées ne relèvent pas de notre compétence. À cet égard, nous vous recommandons de contacter le bureau central national d'Interpol au Bélarus », nous a opposé l'ambassade. Contacté dans la foulée, le ministère biélorusse de l'Intérieur ne nous a jamais répondu.

De leur côté, les critiques de Minsk reconnaissent un changement d'attitude d'Interpol à l'égard de la Biélorussie, et une volonté de l'agence policière de continuer sur le chemin des réformes. « Le ministre soutient et apprécie fortement les initiatives d'Interpol », laisse entendre Dainius Daukša, le porte-parole du ministère de l'Intérieur lituanien, à savoir « la réforme et le renforcement de ses processus d'examen des notices rouges, l'amélioration de ses systèmes d'appui destinés aux bureaux centraux nationaux des États membres, du fonctionnement de la commission de contrôle des fichiers en renforçant son mécanisme de plaintes, et la nomination d'un délégué à la protection des données ».

« Pour autant que je sache, l'attitude à l'égard de la base d'Interpol est en train d'être reconsidérée en ce moment », se félicite de son côté Pavel Latouchka, au printemps 2023. « Pour de nombreux États démocratiques, si une personne est recherchée sur leur territoire par des pays tels que l'Iran, les Émirats arabes unis ou la Biélorussie, qui abusent de leur droit d'inscrire des personnes sur la liste des personnes recherchées, ce n'est plus un motif inconditionnel de détention et de transfert vers le pays requérant. » Mais pour l'opposant, il n'y aurait qu'une seule solution efficace. « Qu'Interpol traite par défaut les demandes émanant de ces pays comme des abus potentiels. Et que les autorités des pays où se trouvent les Biélorusses traitent également toute demande d'extradition d'un Biélorusse comme une tentative potentielle de persécution politique. Cette perception donnerait davantage à réfléchir », estime l'ancien ministre de la Culture. Une proposition soutenue par Bypol, l'association des policiers proches de l'opposition. « Interpol pourrait se connecter avec nous, le cabinet uni de transition de la Biélorussie », suggère son président Alexander Azarov. « Nous pourrions ainsi consulter la base de données des manifestants. »

Dans ce café du centre de Varsovie, Azarov dit ne pas s'inquiéter de son propre cas. Au sein de l'opposition, il a pris, avec Bypol, de plus en plus de poids. Dans le cabinet de transition menée par Svetlana Tikhanovskaïa, il a été nommé, en août 2022, représentant pour « la restauration de la loi et l'ordre ». Le ministre de l'Intérieur d'un gouvernement dissident. Le média spécialisé sur le renseignement, *Intelligence Online*, le décrit même comme « un maître espion de la dissidence biélorusse en exil ». « J'ai peur, bien sûr. Mais ici, en Pologne, je me sens en sécurité. J'ai le statut de réfugié politique », balaye Azarov. L'ancien lieutenant-colonel de la police biélorusse attend surtout des mesures plus drastiques de la part d'Interpol à l'encontre du président Loukachenko. « Tous les opposants en exil ont peur d'être arrêtés, en particulier dans les pays non membres de l'Union européenne. Ils craignent d'être surveillés par des espions, d'être transportés secrètement vers la Biélorussie, d'être tués ou blessés. »

17

La chasse aux Ouïghours

« *C'est ainsi que j'appris que la Chine m'accusait de meurtre. J'étais choqué parce que je n'avais même jamais tué aucun poulet.* »

Dolkun Isa

Munich (Allemagne), Strasbourg (France), mars 2023

Pendant vingt et un ans, il a fait l'objet d'une notice rouge d'Interpol. Depuis Munich, Dolkun Isa, cinquante-cinq ans, échange avec Robert un matin de mars, à travers une plate-forme de vidéoconférence sécurisée. Ce citoyen allemand, marié et père de deux enfants, est le président du Congrès mondial des Ouïghours, qui défend les droits d'une minorité musulmane persécutée par le gouvernement chinois. Plusieurs chercheurs et parlements dans le monde, jusqu'à l'Assemblée nationale française, n'hésitent plus aujourd'hui à parler de « génocide » de la Chine à l'encontre de ce peuple originaire de la région du Xinjiang, dans le nord-ouest du pays.

Malgré son parcours, Dolkun Isa ne semble pas habité par la colère. Il est calme, précis. Et paraît davantage enclin à parler des autres que de lui-même. Il faudra le relancer pour qu'il nous raconte sa propre affaire, dramatique.

ROBERT SCHMIDT. Quelle est votre histoire personnelle ?

DOLKUN ISA. J'ai commencé mon activisme comme Ouïghour dans les années 1980, lorsque j'étais étudiant, parce que cette discrimination n'est pas nouvelle. La discrimination et la répression exercées par le gouvernement chinois ont une longue histoire depuis l'occupation. J'ai créé l'Union étudiante de culture scientifique. Le principal objectif était d'éduquer le peuple ouïghour. 75 à 80 % étaient analphabètes. Le gouvernement chinois a utilisé cet avantage pour continuer la discrimination. La plupart d'entre eux n'avaient aucune idée de leurs droits constitutionnels. Les droits sont là, mais pourquoi ne sont-ils pas appliqués ? Nous avons été confrontés à de nombreux obstacles. C'est pourquoi en 1988, nous avons eu d'énormes manifestations. J'ai été arrêté chez moi. Ma sécurité n'était plus assurée. J'ai aussi été renvoyé de l'université. Plus tard, j'ai créé une petite affaire et j'ai ouvert une école de langue, ce que le gouvernement ne voulait pas que je fasse. Ensuite, j'ai ouvert un restaurant. Et une fois de plus, le gouvernement m'a blâmé. Ils disaient que c'était un centre international d'échange d'informations. À ce moment, j'étais déjà surveillé par la police chinoise. J'ai compris que c'était dangereux de rester en Chine.

ROBERT SCHMIDT. Et ensuite, vous êtes allé en Turquie ?

DOLKUN ISA. Oui, en 1994. À Ankara, nous avons créé une organisation de jeunesse étudiante. Nous avons organisé des séminaires, des conférences et des manifestations. Le gouvernement turc n'était pas très content de ça parce que le gouvernement chinois faisait pression sur eux. Donc en 1996, j'ai quitté la Turquie pour l'Allemagne où j'ai changé de sujet d'étude et commencé à étudier la politique.

ROBERT SCHMIDT. Quand Interpol a-t-elle émis une notice rouge contre vous ?

DOLKUN ISA. Je l'ai appris en 1999 alors que j'étais invité à une conférence au Congrès américain. Je suis allé au consulat américain de Francfort pour le visa. J'attendais mes documents. Soudain, ils m'ont mis à la porte et la police allemande est arrivée. Ensuite, ils m'ont dit : « Il y a quelque chose que nous devons vérifier. Venez avec nous au commissariat ». Au début, ils faisaient des blagues : « Avez-vous tué quelqu'un ? » J'étais surpris. Je suis resté là-bas plus de cinq heures. Ensuite, ils m'ont montré un document avec ma date de naissance et ma photo, et ont demandé : « Est-ce que c'est vous ? » J'ai répondu : « Oui, c'est moi. » C'est ainsi que j'appris que la Chine m'accusait de meurtre depuis 1997. J'étais choqué parce que je n'avais même jamais tué aucun poulet…

ROBERT SCHMIDT. Qu'est-ce qui s'est passé ensuite ?

DOLKUN ISA. Quelques heures plus tard, les policiers ont vérifié mon parcours et m'ont dit : « Vous êtes un étudiant chef de file de la contestation, et vous avez demandé l'asile politique, qui a été accepté par le gouvernement allemand. Vous serez libre et protégé par l'Union européenne. Mais si vous voyagez vers les États-Unis, vous pourriez être extradé et renvoyé chez nous ». C'est ce que la police m'a dit.

ROBERT SCHMIDT. Quels problèmes cela vous a-t-il posés ?

DOLKUN ISA. Après septembre 2001, immédiatement, le gouvernement chinois a donné mon nom à Interpol en tant que terroriste. Cela m'a causé de nombreux problèmes. C'était une période très dangereuse. Quand j'ai été en Corée du Sud, la police chinoise attendait pour venir me chercher à l'aéroport. Mais comme j'étais déjà un citoyen allemand, finalement j'ai été expulsé vers l'Allemagne. En 2016, mon visa a été refusé par le gouvernement indien. En 2017, j'ai été expulsé du bâtiment des Nations unies à New York.

ROBERT SCHMIDT. Comment avez-vous réussi à faire retirer cette notice rouge ?

DOLKUN ISA. En 2016, lorsque mon visa électronique en Inde a été refusé, les grands médias internationaux en ont beaucoup parlé. C'est alors que l'organisation Fair Trials International, basée à Londres, a pris contact avec moi pour m'aider. J'ai partagé toutes mes informations et tous mes documents. Le dossier a ensuite été envoyé à la commission de contrôle des fichiers. La première fois, il a été rejeté, puis ils l'ont renvoyé. Human Rights Watch a également publié un rapport. Le gouvernement allemand a aussi envoyé des documents.

Le dossier Dolkun Isa était révélateur des failles du système d'Interpol, qui accordait une grande confiance aux bureaux centraux nationaux des pays membres. Sur cette affaire, nous avons pu consulter la décision de la commission de contrôle des fichiers d'Interpol, prise le 31 janvier 2018. Le document n'est pas public, et plusieurs passages sont barrés par la mention [RESTREINT]. Accusé de terrorisme, Dolkun Isa n'a pas eu connaissance du détail des charges retenues contre lui. Et, de fait, n'a pu se défendre complètement.

> 42. En examinant les critères applicables dans le cadre de la prédominance, la commission a tout d'abord établi que les infractions, telles qu'elles sont décrites dans la notice

rouge et dans les messages supplémentaires transmis par le BCN de Chine, sont des infractions de droit commun punies par le droit pénal chinois. Bien que le BCN n'ait pas fourni d'éléments détaillés sur l'éventuelle participation effective et personnelle du requérant aux crimes concernés au moment de l'émission de la notice rouge, il a depuis lors fourni des informations supplémentaires concernant le type de preuves apportées au cours de l'enquête. Rappelant ici ses conclusions précédentes sur la question de la communication d'informations, la commission a souligné que le requérant n'a pas été en mesure de fournir des contre-arguments sur les actes criminels spécifiques dont il est accusé, puisqu'il n'a pas été informé des accusations ni des faits de l'affaire, à la suite des restrictions analysées ci-dessus.

La commission rappelle ensuite le statut de réfugié obtenu par Dolkun Isa en Allemagne, et les entraves régulières à sa liberté de mouvement dès qu'il est en passe de franchir des frontières.

45. Le contexte général de l'affaire révèle que le requérant a été interpellé, interdit d'entrée ou arrêté à plusieurs reprises depuis l'émission de la notice rouge en 1997, mais qu'aucune des demandes de coopération policière du BCN de Chine n'a jamais abouti à l'extradition du requérant. En outre, il apparaît que le BCN d'Allemagne a systématiquement pris des mesures pour s'opposer à l'extradition du requérant de pays tiers vers la Chine sur la base de [RESTREINT], soulignant ainsi l'existence d'un différend sur cette affaire entre les pays membres.

La CCF « prend note » d'un rapport du Conseil de l'Europe et d'une lettre de Human Rights Watch, qui dénoncent la dimension politique de l'affaire.

46. La commission a également examiné les déclarations faites sur l'affaire par des sources diverses et distinctes,

> indépendantes du requérant ou du BCN de Chine, qui apportent des éléments supplémentaires indiquant la dimension politique de l'affaire. Elle a pris note des références à cette affaire dans le rapport sur « l'utilisation abusive du système INTERPOL » de la commission des questions juridiques et des droits de l'Homme de l'Assemblée parlementaire du Conseil de l'Europe (PACE), ainsi que de la lettre ouverte adressée par Human Rights Watch au secrétaire général d'INTERPOL, qui traite directement de cette affaire.

Finalement, la commission de contrôle des fichiers conclut que maintenir la notice rouge de Dolkun Isa remettrait en question la neutralité d'Interpol et contreviendrait à l'article 3 de l'organisation policière, qui interdit « toute activité ou intervention dans des questions où affaires présentant un caractère politique, militaire, religieux ou racial ».

> 47. Compte tenu de tous ces éléments, le maintien des données contestées aurait des conséquences négatives importantes pour la neutralité de l'organisation, dans la mesure où ces facteurs risquent fort de donner l'impression que l'organisation facilite des activités à caractère politique. En conséquence, même en supposant que l'infraction décrite soit de droit commun, la commission considère qu'il y a une dimension politique prédominante dans cette affaire et que les informations fournies par le BCN de Chine ne satisfont pas aux exigences de l'article 3 du Statut d'INTERPOL.

DOLKUN ISA. Enfin, en 2018, après vingt et un ans, j'ai réussi à effacer ma notice rouge. Mais certains de mes collègues ont encore une notice rouge…

ROBERT SCHMIDT. Vous n'êtes pas un cas isolé ?

DOLKUN ISA. Je ne suis pas un cas unique. De nombreux Ouïghours sont toujours confrontés à ce problème. Le gouvernement chinois abuse du système des notices rouges d'Interpol.

ROBERT SCHMIDT. 2018 a été une année intense pour vous…

DOLKUN ISA. Début 2018, ma notice rouge a été supprimée. Quelques mois plus tard, en juin, ma mère est décédée dans un camp de concentration. En fait, je n'ai pas eu de contacts avec ma famille depuis 2017. Je ne pouvais pas leur rendre visite, ils ne pouvaient pas venir me voir. C'était donc une nouvelle bouleversante. J'ai eu des nouvelles horribles ces dernières années. Mon père est mort en 2020, je l'ai appris par les médias chinois. Mais je ne sais toujours pas dans quelles circonstances. En 2021, j'ai appris que mon frère avait été condamné. La police chinoise avait surveillé ma famille en permanence. De temps en temps, ils viennent chez eux et font pression sur eux. Depuis que je suis parti en 1994, ils n'ont pas été heureux une seule journée. Mes proches ne sont pas des activistes politiques comme moi. Leur seul crime : ils sont ouïghours.

Dolkun Isa et sa famille étaient harcelés par les autorités chinoises depuis plus de vingt ans maintenant. Mais la répression des dissidents à l'étranger, avec l'aide du système d'Interpol, s'était largement accentuée depuis l'accession de Xi Jinping à la présidence en 2013.

En 2014, le ministère chinois de la Sécurité publique lançait l'opération « Fox Hunt » (« Chasse au renard »), qui s'inscrivait dans une grande campagne anticorruption du parti communiste chinois. L'opération allait brasser large, traquant autant de vrais criminels corrompus exilés à l'étranger que des dissidents politiques souvent issus de minorités honnies, comme les Ouïghours ou les

Tibétains. L'objectif : rapatrier ces criminels ou ennemis politiques, peu importe les moyens. Des postes de police chinois clandestins, des prisons « noires », illégales, auraient ainsi été découverts ces dernières années sur plusieurs continents, de Dubaï jusqu'à New York en passant par Rotterdam et Paris.

Le projet « Fox Hunt » était suivi en 2015 de « Sky Net », une opération anticorruption aux moyens encore plus importants, à laquelle participaient de multiples agences publiques gouvernementales. Selon l'ONG spécialiste de la Chine Safeguard Defenders, qui s'appuie sur des sources officielles, plus de 10 000 personnes ont été rapatriées en Chine, souvent de manière forcée, entre 2014 et 2022.

En parallèle, pour traquer ses criminels présumés et collaborer avec la police à l'étranger, la Chine allait utiliser de plus en plus les canaux d'Interpol. Dans une interview pour un média d'État en 2017, le chef du département international du ministère chinois de la Sécurité publique expliquait que la Chine utilisait le canal Interpol pour près de 3 000 affaires chaque année. « Il semble que l'augmentation réelle coïncide avec la "campagne anticorruption" lancée par Xi Jinping, qui a été suivie par l'opération Fox Hunt, qui vise à poursuivre les fonctionnaires corrompus et ceux qui sont liés à l'étranger, de manière similaire à ce que la campagne elle-même fait à l'intérieur de la Chine », nous explique Peter Dahlin, le directeur suédois de Safeguard Defenders. Le militant a été lui-même enfermé pendant des semaines dans une prison secrète à Pékin, en 2016.

Le chercheur américain Ted Bromund, associé au laboratoire d'idées conservateur The Heritage Foundation, avec qui nous correspondons par mail au printemps 2023, est très critique sur l'instrumentalisation par la Chine des canaux d'Interpol. « La Chine n'est pas l'abuseur le plus visible et le plus notoire, qui est la

Russie. Elle ne commet pas le plus grand nombre d'abus : la Turquie en fait davantage », explique Bromund, tentant de décrypter les agissements des différents pays abuseurs d'Interpol au cours de ces dernières années. « Mais c'est la Chine qui obtient le plus de résultats par ses abus, parce qu'elle prétend défendre et respecter l'état de droit international, parce qu'elle intègre ses abus dans un système de répression plus large et parce qu'elle abuse d'Interpol dans le but non seulement de rendre la vie difficile à ses cibles, mais aussi de les convaincre ou de les forcer à retourner en Chine », ajoute le chercheur américain. Sollicitée à plusieurs reprises pour ce livre, l'ambassade de Chine en France n'a pas répondu à nos questions.

Pékin n'a pas hésité à utiliser le mythe d'Interpol à travers le cinéma. À l'instar des énormes productions hollywoodiennes, la Chine lançait en 2019 le tournage d'un film policier à gros budget, *Fox Hunt*, avec un casting international. L'acteur hongkongais Tony Leung, récompensé d'un prix d'interprétation à Cannes pour son rôle dans *In the Mood for Love*, partageait la vedette avec l'actrice ukrainienne Olga Kurylenko et le comédien français José Garcia. Le pitch ? Des policiers chinois vont chercher un fugitif en France, recherché par Interpol, comme l'explique le magazine américain de l'industrie du spectacle, *Variety*.

> Le film est basé sur des faits réels et décrit les activités de l'opération Fox Hunt, une initiative mondiale de lutte contre la corruption gérée par le ministère chinois de la Sécurité publique. Cette opération vise à retrouver et à rapatrier des Chinois qui ont fui à l'étranger pour échapper à des accusations de corruption. Le film devrait montrer des procédures pénales transfrontalières et l'utilisation des « notices rouges » d'Interpol. La production aura lieu en Chine et en France.
>
> « Tony Leung jouera dans le film d'action policier *Fox Hunt* du Shanghai Film Group », *Variety*, 16 juin 2019

Derrière le film d'action se cache une véritable opération de propagande. Le film est en fait coproduit par Shanghai Film Group, une société d'État, et le ministère chinois de la Sécurité publique. Un événement de lancement de la production du film a eu lieu en mai 2019 à Pékin, en présence de Meng Qingfeng, vice-ministre de la Sécurité publique, l'équipe du film et des agents de police de l'opération « Fox Hunt ». Un média officiel du régime publie les photos de famille et raconte les coulisses du projet.

> Produit par Shanghai Film Group Corporation (SFG), le film est basé sur des histoires vraies de l'opération Fox Hunt, une initiative chinoise globale de lutte contre la corruption gérée par le ministère de la Sécurité publique (MPS) depuis 2014, qui vise à traquer et à rapatrier les fugitifs accusés de corruption. *Fox Hunt* est le premier film chinois à présenter sur grand écran le processus de traitement des procédures pénales transfrontalières et d'extradition des fugitifs dans le cadre des notices rouges d'Interpol.
>
> « Le film *Fox Hunt* est lancé à Pékin », *China.org.cn*, 28 mai 2019

Au-delà de la fiction, qui n'était toujours pas sortie sur nos écrans au printemps 2023, la grande opération anticorruption « Sky Net », lancée en avril 2015, va également se servir des outils d'Interpol. Le mois du lancement, le journal officiel du parti en langue anglaise, *China Daily*, publiait une liste, avec photos, des 100 plus grands fugitifs recherchés par le BCN chinois d'Interpol. Tous avec des notices rouges émises à leur encontre.

> La liste des personnes recherchées est publiée par Interpol et ses procédures sont différentes de la coordination judiciaire entre les États. Avec la publication de la liste des personnes recherchées, la police des pays qui n'ont pas

signé de traité de rapatriement avec Pékin peut prendre des mesures contre ces fugitifs chinois par le biais de la coordination avec Interpol, ce qui aide encore plus la Chine.

« La liste d'Interpol des fugitifs chinois les plus recherchés montre la corruption des familles »,
China Daily, 24 avril 2015

La Chine avait compris qu'utiliser les canaux d'Interpol permettrait de contourner son manque de traités d'extradition à l'international. De nombreux États refusaient toujours de signer des accords avec Pékin. À la fin 2022, selon un décompte de Safeguard Defenders, la Chine avait ratifié des traités avec 45 pays, dont la France depuis 2015. L'Italie était également l'un de ces pays, mais en mars 2023, la Cour suprême italienne refusa d'extrader une femme d'affaires chinoise suspectée de crimes financiers. Elle avait pourtant été arrêtée à l'été 2022 en raison d'une notice rouge d'Interpol émise à son encontre. Mais ce verdict italien faisait suite à une décision de la Cour européenne des droits de l'homme, en janvier 2023, qui avait estimé, pour une autre affaire, qu'une extradition ne pouvait avoir lieu si l'individu avait des risques d'être torturé ou soumis à un mauvais traitement dans les prisons chinoises.

Dans plusieurs dossiers et à l'instar de Dolkun Isa, le système d'Interpol continue à être dévoyé par la Chine pour rechercher des dissidents à l'étranger, y compris des citoyens ouïghours. Enfermés dans des « camps de rééducation » en Chine, les Ouïghours sont également traqués partout sur la planète. Parfois même avec l'aide d'Interpol.

Yidiresi Aishan allait en faire les frais. En 2021, cet informaticien et activiste ouïghour de trente-trois ans vit depuis une dizaine d'années à Istanbul avec sa femme et ses trois enfants. Mais alors que la Turquie d'Erdoğan se rapproche de plus en plus de la Chine, Yidiresi Aishan craint pour sa sécurité et celle de sa famille. À plusieurs reprises, il a été détenu en Turquie à la suite de demandes d'extradition envoyées par Pékin. La Chine le qualifie en effet de terroriste et l'accuse d'appartenance à l'organisation ETIM, le mouvement islamique du Turkestan oriental. Le militant ouïghour pense alors demander l'asile à un pays européen, mais s'envole d'abord pour le Maroc. À son arrivée à l'aéroport de Casablanca, dans la nuit du 19 au 20 juillet 2021, il est arrêté. Il apprend alors qu'une notice rouge d'Interpol court contre lui depuis quatre ans.

Un mois plus tard, la *task force* d'Interpol, censée pourtant contrôler toutes les notices rouges en amont de leur diffusion, retire en urgence la notice. Interrogée par *Mediapart*, l'agence policière explique qu'« à l'issue de cet examen, il a été estimé que la notice n'était pas conforme au statut et aux règles d'Interpol », et ajoute que « les notices rouges sont publiées sur la base des informations dont dispose le secrétariat général au moment où la demande est formulée. Le secrétariat général accueille favorablement toute information susceptible de l'aider à évaluer une notice rouge ».

Mais le mal est fait. Le 20 juillet, Yidiresi Aishan a été placé en détention préventive. Le 15 décembre, malgré l'annulation de la notice rouge, la Cour de cassation de Rabat valide l'extradition vers la Chine. Cinq jours plus tard, le Comité contre la torture de l'ONU envoie une requête de mesure provisoire, demandant au Maroc de ne pas extrader l'activiste ouïghour vers la Chine. La décision est suspendue temporairement. En juin 2023, selon nos informations, Yidiresi Aishan était toujours enfermé au Maroc. « Cependant, il court toujours un grand risque », regrette Peter Dahlin de l'ONG Safeguard Defenders, « et la responsabilité en incombe entièrement à Interpol, qui l'a maintenu sur la liste pendant quatre ans sans procéder à aucune vérification préalable de son cas, même après que la situation au Xinjiang a été bien connue et révélée au grand jour. » Arrêté sur la base d'une notice rouge caduque, le militant ouïghour risque la torture et la prison à perpétuité s'il est renvoyé en Chine.

18

Meng Hongwei

« Ce sont des policiers professionnels.
La grande réputation… Ils ont brisé tout cela. »

GRACE MENG

Lyon (France), septembre 2018

Une émoticône de couteau de cuisine. C'est le dernier message que Grace Meng aura reçu de son mari. L'émoji était précédé d'un texto, envoyé quatre minutes plus tôt. « Attends mon appel ».

Dix jours plus tard, le 5 octobre 2018, la presse et le monde entier découvrent la nouvelle, dans la stupeur générale. Le président d'Interpol, Meng Hongwei, a disparu. Son épouse, Grace[1], installée dans la banlieue de Lyon avec ses enfants, des jumeaux de sept ans, a signalé sa disparition à la police judiciaire française. Une enquête a été ouverte. Depuis le 25 septembre, elle n'a aucune nouvelle de son époux, ne sait pas s'il est mort ou vivant. Il ne l'avait pas rappelée. Ce jour-là, Meng Hongwei, soixante-quatre ans, par

1. Prénom d'emprunt donné aux médias internationaux afin de préserver son anonymat.

ailleurs vice-ministre chinois de la Sécurité publique, avait rejoint Pékin en partant de Stockholm. Depuis, il s'était volatilisé.

Le mystère ne va pas durer longtemps. Dans la soirée du 7 octobre, le Parti communiste chinois annonce que le président d'Interpol est détenu par les autorités. Faisant l'objet d'une enquête, Meng est suspecté « d'avoir violé la loi » et « d'avoir accepté des pots-de-vin ». Il est « sous la supervision » du nouveau puissant organe anticorruption du Parti, la Commission nationale de surveillance.

À Lyon, tout va se jouer en l'espace de trois jours. La réaction du secrétariat général d'Interpol, curieusement détachée, va se déployer en trois actes. Acte I : dès que l'information de la disparition de Meng sort dans la presse, l'organisation policière réagit par un communiqué lapidaire. Au lieu de défendre son président, Interpol renvoie la balle aux pays concernés.

> *Nous avons pris connaissance des informations diffusées par les médias concernant la disparition présumée du président d'INTERPOL, Meng Hongwei.*
>
> *Cette question relève des autorités compétentes tant en France qu'en Chine.*
>
> *M. Jürgen Stock, secrétaire général d'INTERPOL, est le responsable à plein temps de la gestion quotidienne de l'Organisation.*
>
> *Le siège du secrétariat général d'INTERPOL ne fera pas d'autres commentaires.*
>
> *Communiqué de presse d'Interpol, le 5 octobre 2018*

Acte II : le 6 octobre, dans un nouveau communiqué de quelques lignes, Interpol demande finalement des clarifications à la Chine. Acte III : le lendemain, après avoir reçu la « démission » de Meng Hongwei, Interpol annonce la nomination d'un président temporaire, le Sud-Coréen Kim Jong-yang, vice-président du comité exécutif. Fin de la partie.

Son président disparaît. Il est arrêté, détenu, suspecté de corruption. Interpol prend acte. « En gros, ce n'est pas grave, il a disparu et on met quelqu'un pour assurer l'intérim à la place. Et on verra à la prochaine élection ce qui se passe. Franchement, c'est quand même très léger », nous confie un ancien cadre important d'Interpol. « Ce qui montre aussi la considération du secrétariat général vis-à-vis de son président », affirme cet ex-agent. Une réaction timide qui poussera l'épouse de Meng Hongwei à porter plainte contre Interpol devant la Cour permanente d'arbitrage de La Haye, quelques mois plus tard, en avril 2019. « C'est un non-sens non seulement pour la Chine, mais aussi pour Interpol », déclare le même mois Grace Meng au *Wall Street Journal*. « Ce sont des policiers professionnels. La grande réputation... Ils ont brisé tout cela. »

Selon une enquête de *Libération*, la lettre de démission de Meng remise à Interpol serait très sommaire. Elle n'aurait été accompagnée d'aucun document justifiant les charges retenues contre lui. Mais Interpol se défend d'avoir été laxiste. « On a eu des contacts avec les officiels chinois, et avec des représentants du ministre de l'Intérieur chinois », soutiendra quelques semaines plus tard Jürgen Stock auprès de la cellule investigation de Radio France. « Ils sont venus à Lyon, on a eu des discussions pendant le week-end, car à vrai dire tout s'est passé en quelques heures. Ils nous ont expliqué la situation, ils ont présenté tous les documents dont j'avais besoin pour prendre les mesures adéquates. Il était clair que notre ancien président n'était plus membre de notre comité exécutif, et que le doyen des vice-présidents devait donc le remplacer », affirmera le secrétaire général d'Interpol. En clair, Meng, vice-ministre de la Sécurité publique, était avant tout un officiel de Pékin. Sa démission actée, il ne faisait plus partie de l'organisation policière. Et Jürgen Stock était déjà passé à autre chose.

Quelles raisons ont pu pousser la Chine à arrêter un fonctionnaire clé du régime, placé à un poste aussi prestigieux et stratégique sur le plan diplomatique ? En mars 2019, le Comité central pour l'inspection disciplinaire du Parti va donner quelques indices. Dans un communiqué, ce puissant organe anticorruption déclare que Meng « n'a pas divulgué des informations personnelles comme il aurait dû le faire et s'est refusé à mettre en œuvre les décisions du Comité central du Parti ». De plus, il aurait profité de ses fonctions pour des arrangements personnels, des promotions et des opérations commerciales, acceptant « de grosses sommes d'argent et des cadeaux en échange », selon l'agence de presse officielle Xinhua. Meng est officiellement exclu du Parti et de toute fonction publique.

À ce stade, les accusations restent encore vagues, peu précises. Meng aurait-il détourné de l'argent public comme semblent l'affirmer les autorités chinoises, la corruption étant une pratique répandue chez les officiels du Parti ? Ou bien serait-il devenu trop gênant politiquement, comme le clame son épouse Grace Meng, qui place son mari dans le camp des « réformistes » contre les « conservateurs » du président Xi Jinping ?

Des débuts d'explication sont à chercher dans son parcours. Né en 1953 à Harbin dans le nord-est du pays, de parents enseignants, Meng rejoint le parti communiste en 1975. Après avoir obtenu son diplôme de droit de l'université de Pékin, il est recruté selon *Le Monde* à la Commission des affaires politiques et légales, qui est chargée des questions de sécurité. Petit à petit, il grimpe les échelons au sein du Parti. Il devient responsable du trafic routier ou encore de l'antiterrorisme. Jusqu'à être nommé en 2004 vice-ministre de la

Sécurité publique. Le ministère est un département clé au sein de l'appareil d'État chinois. Il supervise, dès 2014, l'opération « Fox Hunt » pour traquer officiels corrompus et dissidents politiques à l'étranger. Le ministère sert aussi de bras armé du gouvernement contre les opposants à l'intérieur du pays.

> Le bureau chinois connu comme le "manche du couteau" du Parti communiste depuis l'époque de Mao Zedong. Human Rights Watch l'a qualifié d'"agence notoirement abusive" qui gère un réseau de "prisons noires", ou centres de détention secrets, à travers le pays.
>
> « La Chine a nommé son meilleur policier à la tête d'Interpol. Puis il a disparu », *The Wall Street Journal*, 26 avril 2019

De 2002 à 2007, le ministre de la Sécurité publique se nomme alors Zhou Yongkang. Meng, qui dirige également depuis 2004 le bureau chinois d'Interpol, est son lieutenant. Surnommé « le tsar de la sécurité », Zhou est un rival politique de Xi Jinping. Il sera condamné à perpétuité pour corruption en 2015, deux ans seulement après l'accession de Xi à la présidence. Mais Meng, lui, survit étonnamment à la purge anticorruption du nouveau dirigeant chinois. En 2013, il est même nommé à la tête de la police maritime chinoise. Et en 2016, un an seulement après la déchéance de son mentor, le Parti l'envoie faire campagne pour la présidence de l'organisation internationale policière. Le 10 novembre, à l'assemblée générale de Bali, Meng est élu président d'Interpol. Un coup de matraque pour les organisations des droits de l'homme.

Très vite, Meng va vouloir imposer sa marque au sein d'Interpol. Quitte à agacer le secrétaire général. « Il y avait plus qu'un désaccord avec Stock », se souvient cet ancien cadre de l'organisation, cité plus haut. Dans la constitution d'Interpol et par tradition, le comité exécutif, dirigé par le président, est un organe avec peu de pouvoirs. Il se réunit trois fois par an et entérine les décisions prises au jour le jour par le secrétariat général. Son président est bénévole et reste un fonctionnaire en poste dans son pays. Mais Meng, lui, va décider de s'installer à Lyon, avec femme et enfants. Une première pour un président dans l'histoire d'Interpol. « Meng est arrivé quand même avec une vision assez différente. Celle de dire que le secrétaire général est d'abord un secrétaire avant d'être un général. Stock ne voulait pas de ça, il voulait être libre de ses actions, et effectivement, ça a créé pas mal de tensions », raconte cet ancien agent d'Interpol.

Comme d'autres membres du comité exécutif et d'autres présidents avant lui, Meng tente d'influencer le secrétariat général et d'imposer son agenda national au sein d'Interpol. Sous sa présidence, une « déclaration de coopération stratégique » est d'ailleurs signée en mai 2017 entre Interpol et les autorités chinoises pour sécuriser l'immense projet de Xi Jinping de nouvelle route de la soie, appelée aussi « la ceinture et la route ».

> La Chine et Interpol collaboreront pour maintenir la sécurité des frontières et du commerce, réprimer les marchés illégaux ainsi que la criminalité financière et les crimes sur Internet, et protéger les installations d'infrastructures clés, afin de garantir la sécurité et la stabilité des membres d'Interpol le long de la ceinture et de la route.
>
> « La Chine et Interpol vont coopérer en matière de sécurité le long de la ceinture et de la route », Xinhua, 14 mai 2017

Mais les initiatives de Meng ne sont pas toutes couronnées de succès. Selon le *Wall Street Journal*, le président d'Interpol tente de pousser pour la création d'un centre de recherche d'Interpol à Zurich. Jürgen Stock lui tient tête et refuse le projet. « On a longtemps cru que Meng avait été interpellé à cause de son incapacité à influencer la stratégie et l'opérationnel d'Interpol », avance un cadre du bureau français d'Interpol. « L'une des hypothèses fortes, c'était que les Chinois l'avaient rapatrié parce que son bilan était désastreux. Des projets qu'il avait à pousser, et qui étaient pour la plupart assez douteux, aucun n'est passé », explique cette même source. Le bilan de Meng à la tête d'Interpol aurait-il eu raison de la bienveillance du Parti à son égard ?

En septembre 2017, quand Pékin accueille l'assemblée générale annuelle d'Interpol, les apparences n'en laissent rien paraître. Sur la grande photo de famille, Meng Hongwei pose aux côtés de Jürgen Stock et de Xi Jinping, tout sourire. Le président chinois a tenu à être présent à l'ouverture de l'événement, une nouvelle preuve de l'importance d'Interpol pour la Chine. Mais l'état de grâce de Meng auprès de Xi Jinping va commencer à se détériorer.

Une décision d'Interpol va profondément irriter les autorités chinoises. En février 2018, la commission de contrôle des fichiers a décidé d'annuler la notice rouge de Dolkun Isa, opposant politique et président du Congrès mondial des Ouïghours, réfugié en Allemagne. « La Chine exprime son mécontentement à l'égard de la révocation par Interpol de la notice rouge concernant Dolkun Isa », réagit fermement le ministère chinois des Affaires étrangères dans un communiqué publié par l'agence Reuters. « Dolkun Isa est un terroriste selon le gouvernement chinois », prévient Pékin, qui affirme alors vouloir demander des explications à Interpol.

La Chine a-t-elle reproché à Meng Hongwei de n'être pas intervenu sur le dossier Dolkun Isa ? Le président d'Interpol n'a pourtant pas le pouvoir de décider de la validation ou du retrait des notices rouges, tâches dévolues au secrétariat général et à la commission de contrôle des fichiers. « C'est peut-être l'une des raisons de son arrestation. Mais je n'ai aucune preuve. Je pense que le gouvernement chinois ne comprend pas le système d'Interpol.

Pour eux, un président peut décider de tout », nous explique le principal intéressé, Dolkun Isa, depuis Munich.

En tout cas, le calendrier s'accélère. Deux mois plus tard, Meng est écarté du comité du Parti communiste chinois au sein du ministère de la Sécurité publique. Il continue toutefois à multiplier les déplacements, en tant que président d'Interpol. Il rencontre à La Haye la directrice d'Europol, la Belge Catherine De Bolle. Il se rend en Algérie, en Moldavie et en Russie. Le 25 septembre, il effectue à Pékin son dernier voyage. Et disparaît des radars.

Il réapparaît neuf mois plus tard, amaigri, les cheveux blanchis. Le 20 juin 2019, se tient son procès à Tianjin, dans le nord-est de la Chine. Meng Hongwei, tunique beige, est entouré de deux policiers au garde-à-vous. Devant les caméras de la télévision publique chinoise, il plaide coupable pour corruption. Une confession sans réelle valeur, au vu de la longue tradition d'aveux forcés en Chine. « De 2005 à 2017, l'accusé a profité de ses fonctions et de ses pouvoirs (...) afin d'aider des entreprises dans leurs affaires et des individus à obtenir des promotions hiérarchiques », décrète le tribunal de Tianjin. À la tête des garde-côtes et en tant que vice-ministre de la Sécurité publique, Meng aurait accepté près de deux millions d'euros de pots-de-vin selon l'accusation. Le 21 janvier 2020, l'ancien président d'Interpol est finalement condamné à treize ans et demi de prison pour corruption.

La justice n'en a pas encore fini avec la famille Meng. En décembre 2021, les autorités chinoises accusent officiellement Grace Meng, qui a depuis obtenu l'asile politique en France, d'être la complice de son mari. « Les preuves montrent que la plupart des pots-de-vin acceptés par Meng Hongwei étaient conservés entre les mains et mis à la disposition de son épouse », relate l'agence de presse Xinhua. Ces accusations font suite à une interview donnée un mois plus tôt par Grace Meng à l'agence américaine

Associated Press. L'épouse de l'ex-président d'Interpol avait traité le gouvernement chinois de « monstre ». « Ils mangent leurs enfants », s'emportait-elle.

Trois ans plus tôt, comme le révélait *Libération*, Grace Meng avait été victime de tentative d'enlèvement. Quelques jours après la disparition de son mari, elle recevait par téléphone des menaces de mort, passées depuis un numéro français prépayé. « Vous êtes une cible. Il y a deux équipes en France pour vous », lui aurait dit un homme chinois au téléphone. Deux hommes d'affaires, dont l'un connu de Grace Meng, avaient également tenté de l'embarquer depuis Lyon pour un voyage en jet privé en République tchèque, prétextant avoir besoin d'une analyse économique du pays. Depuis, Grace avait été placée sous protection policière. Une information judiciaire pour « association de malfaiteurs en vue de commettre un enlèvement et tentative d'enlèvement en bande organisée » avait été ouverte et confiée à un juge d'instruction lyonnais en 2019. Selon nos informations, elle était toujours en cours au printemps 2023.

Dans le même temps, et malgré la déchéance de Meng Hongwei, la Chine avait continué à investir dans l'organisation internationale de police. L'évolution de sa contribution financière était spectaculaire. Au début de la présidence de Xi Jinping, en 2013, la Chine ne donnait qu'un peu plus d'un million d'euros par an à Interpol, ne se plaçant qu'au dixième rang des États membres. Dix ans plus tard, en 2023, elle est devenue le deuxième contributeur statutaire de l'organisation derrière les États-Unis. Avec 11 millions d'euros annuels alloués à Interpol, la Chine a même doublé sa contribution de l'année précédente.

Et l'investissement n'est pas seulement financier. Mi-novembre 2021, les membres de l'Alliance interparlementaire sur la Chine, constituée de députés du monde entier, ont envoyé une lettre à une vingtaine de ministres de l'Intérieur, dont Gérald Darmanin en France. Quelques jours seulement avant l'assemblée générale d'Interpol, ils ont marqué leur opposition à l'élection d'un nouveau policier chinois au comité exécutif d'Interpol. « Nous vous demandons de vous opposer à la candidature de Hu Binchen et de soutenir les efforts visant à réformer le système des notices rouges d'Interpol afin de protéger les victimes de persécutions politiques dans le monde entier », écrivaient les signataires, craignant que « des dizaines de milliers de Hongkongais, Ouïghours, Tibétains, Taïwanais et Chinois dissidents vivant à l'étranger » ne soient placés « dans une situation encore plus à risque ». Mais l'appel arrive trop tard.

Le 25 novembre, Hu Binchen, directeur adjoint du département de coopération internationale au sein du ministère chinois de la Sécurité publique, est élu parmi les 13 membres du comité exécutif d'Interpol. « On ne sait pas grand-chose de Hu, si ce n'est ce qui a été publié dans les médias d'État », nous confie Peter Dahlin de Safeguard Defenders. « Cela signifie toutefois qu'il aurait joué un rôle dans l'opération Fox Hunt, qui constitue une violation grave du droit international et des lois des pays cibles, puisqu'elle viole régulièrement la souveraineté territoriale et judiciaire d'autres nations », rappelle ce spécialiste de la Chine. Pour lui, cela ne fait pas l'ombre d'un doute. « Cela le rend particulièrement inapte à siéger au sein d'un quelconque organe de gouvernance. »

Les instances officielles de l'agence policière n'étaient pas les seuls organes visés par les pays non démocratiques. Une autre structure permettait à de riches États autoritaires de rentrer dans la sphère d'influence d'Interpol.

Une discrète fondation, basée à Genève.

19

Une fondation pour un monde plus sûr

« *Une entité privée qui n'a rien à voir avec Interpol.* »

KRIS D'HOORE

Lyon (France), Genève (Suisse), août 2018

« Bonjour, c'est Ségolène Royal. » Au son de cette voix familière, maintes fois entendue dans les matinales radio, nous avions tout de suite reconnu l'ancienne candidate socialiste à la présidentielle. Rien ne nous préparait à cet honneur.

Quelques jours plus tôt, nous avions découvert avec étonnement son nom parmi les membres d'honneur de la « Fondation Interpol pour un monde plus sûr », un organisme controversé sur lequel nous enquêtions depuis des années. Que venait faire Ségolène Royal dans cette galère ? « La Fondation Interpol est venue me chercher pour parler des problèmes climatiques et environnementaux », nous explique au téléphone l'ex-ministre de l'Environnement, devenue ambassadrice des pôles Arctique et Antarctique sous Emmanuel Macron. « Je n'ai encore rien proposé, je n'ai pas eu le temps de regarder. Mais je vais écouter, et peut-être proposer d'approfondir les problématiques autour du lac Tchad, où agit

Boko Haram », ajoute-t-elle. Nous la sentons un peu perdue. Visiblement mal informée, Ségolène Royal quittera finalement la Fondation Interpol quelques mois plus tard.

Après tout, la nouvelle ambassadrice française des pôles n'avait peut-être pas tout l'historique de la « Fondation Interpol pour un monde plus sûr ». Cette structure très discrète, basée à Genève, comptera au fil des années des secrétaires généraux d'Interpol, des personnalités politiques, d'anciens magistrats, mais aussi des exilés fiscaux et plusieurs individus accusés de malversations financières.

L'histoire de cette fondation remonte à 2013. À l'époque, Ronald Noble achevait son troisième mandat à la tête de l'agence policière. Il avait multiplié les mois précédents les partenariats avec le secteur privé, dont ceux passés avec la Fifa, l'industrie du tabac et les multinationales de la pharmacie. Mais le budget d'Interpol restait encore faible au regard des ambitions de Ronald Noble. Les États membres rechignaient toujours à augmenter sensiblement leurs contributions. Noble voyait plus grand. Il décida alors de créer une structure extérieure à l'organisation policière, enregistrée en Suisse. Le 29 octobre 2013, la Fondation Interpol voyait officiellement le jour. À but philanthropique, elle devait servir de fonds externe pour tous les donateurs, privés ou publics, qui souhaitaient financer les missions de l'agence policière. « La vision d'Interpol est de "relier les polices pour un monde plus sûr". Toutefois, la police ne peut rendre le monde plus sûr à elle seule », annonçait la brochure de la Fondation Interpol. « Il s'agit d'une responsabilité collective, nécessitant une alliance à l'échelle mondiale entre les gouvernements, les entreprises et la société civile. »

Sur le papier, la fondation était juridiquement indépendante, et Interpol ne cessait de le proclamer. « Une entité privée qui n'a rien à voir avec Interpol », nous expliquait lors d'une entrevue pour Arte en 2016, Kris D'hoore, l'officier de diligence raisonnable chargé de juger l'éthique des partenariats de l'agence policière. « C'est fait pour faire rentrer de l'argent à Interpol, mais c'est une entité complètement indépendante », ajoutait ce policier belge. De multiples liens existaient pourtant bel et bien entre Interpol et sa fondation. Un bureau de liaison avait été établi au sein d'Interpol afin de coordonner les activités de la fondation genevoise. Jürgen Stock était membre du conseil de la fondation, tout comme Ronald Noble et Mireille Ballestrazzi, ancienne présidente d'Interpol, avant lui. Et, bien entendu, les fonds récoltés par la fondation alimentaient directement les caisses d'Interpol.

Nous avions commencé notre enquête sur la fondation par de simples recherches en source ouverte. À Genève, un registre du commerce permet d'obtenir publiquement quelques informations sur les entreprises du canton ou les fondations. Nous nous sommes alors penchés sur la liste des membres du conseil de la Fondation Interpol. Au fil des années, ces noms n'ont jamais cessé de nous surprendre.

À commencer par celui du président de la Fondation Interpol, en personne. Elias Murr est une personnalité politique et économique de premier plan au Liban. Ancien ministre de l'Intérieur et de la Défense, il est à la tête d'un empire familial, le groupe Murr, qui possède un conglomérat de sociétés dans la construction et les médias. Pour une enquête qui sera publiée dans *La Tribune de Genève* en décembre 2020, nous allions aussi découvrir qu'Elias Murr détenait plusieurs sociétés dans des paradis fiscaux.

Une première compagnie avait été enregistrée aux îles Vierges britanniques, un archipel des Caraïbes ne soumettant pas les sociétés à l'impôt. Mais la structure n'était pas active dans le pays. « Dans mon activité de ministre, j'étais responsable de programmes de lutte contre le terrorisme et le crime organisé, ce qui faisait peser de sérieux risques sur ma personne », nous oppose

Elias Murr, dans une longue réponse écrite. « Mes avocats m'ont alors conseillé de créer un trust de droit anglais pour organiser notamment la prise en charge de mes enfants au cas où il devait m'arriver malheur. Leur prudence s'est révélée pertinente puisque j'ai été victime d'un attentat terroriste en 2005 », nous explique l'ancien ministre libanais, tout en précisant que cette société « était parfaitement conforme au droit ».

Ce trust est finalement dissous en 2007. Le président de la Fondation Interpol nous concède que « depuis quelques années, ces entités ont acquis une mauvaise réputation dans l'opinion publique, car elles ont été utilisées à des fins de fraude fiscale ou autre, si bien que le groupe a pris la décision depuis plus d'une dizaine d'années de se départir de ce type de structure ». Pour autant, comme nous l'avions découvert, le groupe Murr ne s'était pas « départi » de toutes ses sociétés dans les paradis fiscaux.

L'empire familial possédait aussi plusieurs avions et hélicoptères privés. L'une des sociétés qui géraient ces biens avait été enregistrée sur l'île de Man, une minuscule dépendance britannique située dans la mer d'Irlande. L'entreprise, qui était toujours active en 2020, avait possédé jusqu'en 2019 un avion d'affaires de la compagnie française Dassault. Or, comme l'avait révélé en 2017 l'enquête des « Paradise Papers » coordonnée par le Consortium international des journalistes d'investigation (ICIJ), l'île de Man était un paradis fiscal pour riches propriétaires de jet privé voulant éluder la TVA.

Questionné sur ce point précis, Elias Murr nous confirme ne payer aucune TVA, mais réfute toute motivation ou irrégularité fiscale. « En tant que citoyen et résident libanais, je ne suis pas assujetti à la taxe en France. L'enregistrement au Liban n'est sujet à aucune taxe, mais il est plus difficile de contracter des assurances car, malheureusement, le Liban est toujours qualifié de pays à risque », se justifie l'homme d'affaires. « C'est pour cette raison que l'enregistrement se fait à l'île de Man, qui est une immatriculation respectée sur le plan international et parfaitement transparente », assure-t-il. Si a priori ces activités d'optimisation fiscale ne sont pas illégales, cette affirmation sur la transparence de l'île de Man est largement démentie par plusieurs enquêtes journalistiques, des déclarations de députés britanniques dénonçant l'opacité de l'île et une procédure pour « pratiques abusives en matière de TVA » engagée par la Commission européenne fin 2018. En juin 2021, six mois après notre enquête pour *La Tribune de Genève*, la société de l'île de Man du groupe Murr sera finalement dissoute.

Elias Murr avait pu, en tout cas, discuter des derniers modèles d'avion d'affaires et des paysages de l'île de Man avec Olivier Dassault, qui rejoignit la Fondation Interpol en avril 2018. L'entrepreneur et homme politique français restera trois années dans le conseil de la fondation, jusqu'à son décès tragique dans un accident d'hélicoptère en mars 2021. Lui non plus n'était pas éloigné des scandales financiers, en tant que président du conseil de surveillance du groupe Dassault de 2011 à mars 2018, poste qu'il dut délaisser afin d'éviter les conflits d'intérêts avec son mandat de député français. En effet, l'enquête des « Paradise Papers » avait démontré que le groupe Dassault était impliqué dans un système de fraude à la TVA sur l'île de Man. Selon *Le Monde*, le groupe Dassault aurait vendu, en toute connaissance de cause, des jets privés à des sociétés factices domiciliées sur l'île de Man, créées par différents clients pour échapper à la TVA française.

Sollicité alors que nous écrivions un article pour *Mediapart*, Olivier Dassault nous expliquait qu'il avait été nommé « à titre personnel » au conseil de la Fondation Interpol, « en tant que défenseur des capacités de police, de la lutte antiterroriste, contre la cybercriminalité, contre le trafic des organes humains, contre l'abus sur des mineurs », tout en précisant qu'« il n'y a aucun engagement du groupe ». Face aux faits dévoilés par les « Paradise Papers », l'ex-président du conseil de surveillance du groupe Dassault répondait que « Dassault Aviation respecte toutes ses obligations fiscales », ajoutant que « la société Dassault Aviation exerce son contrôle sur les opérations aboutissant à la livraison des avions à ses clients. Les lieux d'immatriculation et les régimes d'exploitation des avions livrés relèvent quant à eux exclusivement du choix des clients ».

Les paradis fiscaux n'étaient pas seulement des îles de carte postale, destinés à l'optimisation fiscale de grandes fortunes. Côté face, ils servaient aussi de plate-formes de blanchiment d'argent pour d'importants groupes criminels. Sur son site Internet, Interpol annonce d'ailleurs la couleur sur l'importance de la criminalité financière dans le monde.

> Le vol, la fraude, la tromperie, le chantage, la corruption, le blanchiment d'argent… Les moyens de gagner de l'argent illégalement ne manquent pas ! Ceux que l'on appelle les « criminels en col blanc » engrangent des bénéfices juteux en prenant peu de risques.
> La criminalité financière va du simple vol ou fraude commis par des individus malintentionnés à des opérations d'envergure orchestrées par des criminels organisés présents sur tous les continents. La gravité de ces activités criminelles ne doit pas être sous-estimée car, outre leurs répercussions économiques et sociales, elles sont souvent étroitement liées à la criminalité violente, voire au terrorisme.
> La criminalité financière nous concerne tous et a gagné beaucoup de terrain grâce aux progrès technologiques rapides.
> Les bandes organisées opèrent à l'échelle internationale

afin d'éviter d'être repérées et les fonds volés franchissent plusieurs frontières physiques et virtuelles avant d'arriver à leur destination. C'est en cela que nos réseaux policiers mondiaux jouent un rôle crucial.

Extrait du site Internet d'Interpol, juin 2023

Des criminels présumés en col blanc et des exilés fiscaux avaient pourtant rejoint les rangs de la Fondation Interpol par le passé. Accusé de fraudes massives par les justices américaine et émiratie, l'homme d'affaires pakistanais Arif Naqvi, installé à Dubaï, avait ainsi dû renoncer à son poste au conseil de la fondation en décembre 2018. Arrêté au Royaume-Uni, il était condamné quelques mois plus tard en son absence à trois ans d'emprisonnement aux Émirats arabes unis, et la justice américaine attendait toujours son extradition au printemps 2023.

Le patron de la banque HSBC, Stuart Gulliver, avait dû quitter quant à lui la fondation en septembre 2016. Un an plus tôt, lors de la vague de révélations du scandale d'évasion fiscale « SwissLeaks », le Consortium international des journalistes d'investigation avait montré comment HSBC Private Bank à Genève avait abrité des comptes de marchands d'armes, de mécènes du terrorisme mondial, de porteurs de valise de dictateurs ou même de trafiquants de « diamants de sang » recherchés par Interpol et alimentant de nombreuses guerres civiles en Afrique. Dans le même temps, le *Guardian* révélait que Stuart Gulliver avait possédé pendant de nombreuses années un compte caché dans sa filiale genevoise par le biais d'une société panaméenne. Il y aurait mis à l'abri 7,6 millions de dollars. Face aux accusations, les avocats du banquier avaient répliqué que le compte de Stuart Gulliver avait été déclaré au fisc anglais « un certain nombre d'années ». Sans jamais préciser lesquelles.

Dans la foulée, la presse suisse dévoilait que le patron d'HSBC était aussi membre de la Fondation Interpol. À Lyon, l'agence mondiale de police avait aussitôt réagi en demandant sa suspension de la structure. « Tout en tenant compte de la présomption d'innocence et conformément au code de bonne gouvernance et aux règles internes de la fondation, Interpol a proposé au président que M. Gulliver soit temporairement suspendu [...] jusqu'à ce que la lumière soit faite sur ces allégations », avait annoncé à la Radio télévision suisse (RTS) un porte-parole d'Interpol.

Malgré cette annonce, Stuart Gulliver resta membre du conseil de la Fondation d'Interpol pendant plus d'un an, jusqu'en septembre 2016, selon le registre du commerce du canton de Genève. Il y disposait même d'un pouvoir de signature. L'agence policière se décida finalement à agir définitivement pendant que notre équipe de tournage menait ses entretiens avec Jürgen Stock pour Arte. « J'ai appris ça par les journaux, comme beaucoup d'autres. J'ai contacté le président, nous avons exprimé notre inquiétude par rapport à ces accusations portées de manière publique. Cela a été discuté au sein du *board*. À notre connaissance, les décisions qui s'imposent ont été prises », nous expliquait Jürgen Stock en septembre 2016.

Mais les nuages n'avaient pas fini de s'amasser au-dessus de la Fondation Interpol. Il y restait toujours un membre gênant au sein du conseil. Son nom : Carlos Ghosn. Aussi incroyable que cela puisse paraître, l'ancien PDG de Renault-Nissan faisait lui aussi partie du conseil de la Fondation Interpol depuis février 2014. Inculpé pour avoir utilisé des fonds de la société à des fins personnelles, il est finalement arrêté au Japon fin 2018. Quelques mois plus tard, il est prié de quitter la fondation. Mais en décembre 2019, la nouvelle de son évasion spectaculaire fait la une des journaux du monde entier. L'ancien patron de Renault devient l'un des fugitifs les plus recherchés de la planète. Ironie du sort ou extrême embarras pour l'agence policière, Carlos Ghosn fait désormais l'objet d'une notice rouge d'Interpol, depuis 2020. Peut-être la plus célèbre d'entre toutes.

Pour nous, journalistes, il n'était en tout cas pas conseillé d'enquêter sur cette étrange Fondation Interpol. Quelques heures après la publication de notre article dans *La Tribune de Genève* sur les membres de la fondation possédant des sociétés dans les paradis fiscaux, nous avons été harcelés sur les réseaux sociaux par de faux utilisateurs. Des *bots* en langage informatique. Pas moins d'une dizaine de comptes sur Twitter, fraîchement créés, sans *followers* et n'ayant presque jamais rien publié, ont soudain entrepris de commenter nos tweets ou de nous insulter, le 19 décembre 2020. Le tout dans un laps de temps de quatre minutes.

5 h 10 : @DonnaMcPhersn : tu es un menteur

5 h 11 : @Christinagablea : c'est une organisation internationale, pas vrai ce que vous avez dit

5 h 11 : @EssieHolden13 : Blaireau

5 h 12 : @ChandleLinda : Quelle est votre relation avec l'intelligence qatarie ?

5 h 12 : @DoloresBartle13 : malveillant

5 h 12 : @Catheriellisn : Roi des cons

5 h 12 : @FloweHelen : tous mensonges

5 h 13 : @EvaOliveere : tu es con

5 h 14 : @ConnieLannfg : hontes !!!!

Or ce n'était pas la première fois que des journalistes subissaient une attaque ou étaient diffamés peu de temps après avoir enquêté sur la Fondation Interpol. En octobre 2018, *La Tribune de Genève*, déjà, publiait un article sur cette fondation suisse signé par un journaliste du quotidien. Quelques jours plus tard, le journal libanais *Al Joumhouria*, dont Elias Murr, le président de la Fondation Interpol, était actionnaire, accusa dans une tribune le journal suisse, mais aussi *Mediapart*, pour qui nous avions écrit un article sur la fondation quelques mois plus tôt, de soutien aux islamistes radicaux. L'article, depuis, avait été retiré du site web d'*Al Joumhouria*.

Dans une réponse par mail à notre intention, envoyée en mai 2023, le rédacteur en chef du journal libanais, Georges Soulage, par ailleurs conseiller presse d'Elias Murr, défendait d'abord que « les 300 journalistes qui travaillent pour le groupe Al Joumhouria n'ont accepté et n'accepteront jamais de publier à la demande de n'importe qui, aucun article ou autre ». Sur la tribune en elle-même, il expliquait que « si ce que vous dites a été publié par une de nos filiales, ça peut dire que le journaliste qui l'a publié a eu des informations, comme quand *Mediapart* ou *La Tribune* publie parfois des informations pas tout à fait précises, et comme vous le savez c'est le risque de ce métier, nos informateurs parfois même après vérification ne sont pas toujours précis ».

Nous avions découvert l'existence d'une troisième histoire. Début mai 2019, Sascha Buchbinder, un journaliste d'investigation suisse de la chaîne de télévision publique SRF (grande sœur en langue allemande de la RTS), se rend à Beyrouth, la capitale du Liban. Son objectif : confronter Elias Murr, le président de la Fondation Interpol, avec les résultats de son enquête.

Dans la matinée du 7 mai, il rencontre l'homme d'affaires dans les locaux du groupe Murr, pour une interview. Il lui expose notamment des rumeurs d'un nouveau financement important au bénéfice de la Fondation Interpol. Un projet qui aurait été enterré depuis. Lors de l'interview, Elias Murr nie avoir reçu une proposition écrite concernant ce financement présumé. Mais le sujet semble déranger.

Dans l'après-midi, Sascha Buchbinder reçoit sur son téléphone un étrange message, sans expéditeur visible, qui lui paraît douteux. Son smartphone s'éteint aussitôt et dysfonctionne plusieurs fois par la suite. Le journaliste suisse essaye ensuite de nettoyer son téléphone, n'y parvient pas, change son appareil et oublie l'affaire.

Fin juin 2019, le reportage de Sascha Buchbinder sur le « sponsoring controversé de la police mondiale » est diffusé sur la chaîne SRF. Quelques semaines plus tard, le reporter contacte Robert et l'informe de soucis avec son téléphone et ses mails à la suite de l'entretien avec Elias Murr. Le journaliste aimerait médiatiser une possible atteinte au secret des sources.

Pris par d'autres enquêtes, nous mettons de côté cette affaire, mais décidons de recontacter Sascha pour l'écriture de ce livre. « Nous pensons que mes mails professionnels ont été lus par des tiers à cette époque », explique le journaliste quatre ans plus tard. Joint par Robert en avril 2023 via une application cryptée, Sascha Buchbinder raconte avoir été questionné par Elias Murr à Beyrouth sur les origines des rumeurs d'un nouveau financement vers la fondation. « Murr a certes parlé d'une *fake news* », se souvient le journaliste suisse. Mais une fois la caméra éteinte, le président de la Fondation Interpol aurait insisté pour obtenir de lui des renseignements sur la source de ces rumeurs, information que le journaliste n'a jamais voulu donner. « Je pense que je me suis fait pirater, parce qu'on voulait connaître ma source », soupçonne le journaliste. Elias Murr, que nous avons sollicité sur cette affaire, n'a pas répondu à nos questions pour des raisons de santé.

Si rien ne nous permet d'affirmer que lui ou un autre membre de la Fondation Interpol est derrière ces attaques, le piratage est quant à lui avéré. D'après un rapport de 15 pages du service informatique de la chaîne SRF, rédigé en septembre 2019 et que nous avons pu consulter, non seulement le contenu du téléphone du journaliste a été cloné à l'époque, mais plusieurs boîtes mail ont été également piratées. Une plainte contre X, déposée fin octobre 2019 par Sascha Buchbinder auprès du procureur de Zurich, a été classée un an plus tard. Aujourd'hui, le journaliste se dit « paranoïaque » sur la protection numérique. Depuis cet incident, il est devenu en quelque sorte un référent pour les journalistes de sa rédaction sur la sécurité informatique. Sascha Buchbinder dit avoir largement contribué à une nouvelle façon de travailler au sein du pôle enquête. « Désormais, nous n'hébergeons plus nos données dans le *cloud*. Les informations sensibles sont stockées et chiffrées sur des supports physiques uniquement », explique le reporter.

La fondation, et l'argent qui y transitait vers Interpol, reste une question sensible. La structure genevoise avait d'ailleurs été créée à l'origine par Ronald Noble pour recevoir des fonds qui contournaient les règles financières de l'organisation. « Le montant total annuel des ressources extra-budgétaires ne doit pas dépasser 50 % du total des recettes d'Interpol (budget ordinaire, fonds Interpol pour la coopération policière internationale et comptes spéciaux), et [...] le montant total annuel des dons provenant d'un seul donateur, en dehors de "la Fondation Interpol pour un monde plus sûr", ne doit pas excéder 15 % du total des recettes d'Interpol », précisait une résolution votée par l'assemblée générale d'Interpol en novembre 2014.

Pourtant, de 2016 à 2023, la fondation genevoise n'est financée que par un seul et unique donateur. Et il ne s'agit pas d'une multinationale, mais d'un gouvernement. Celui d'un État pétrolier du

Golfe, richissime. Les Émirats arabes unis. En mai 2016, Abou Dhabi signe un chèque de 50 millions d'euros à Interpol, étalés sur cinq ans. Le don n'est annoncé publiquement que l'année suivante. Il est destiné à sept missions de l'agence mondiale de police : l'antiterrorisme, la cybercriminalité, le patrimoine culturel, les groupes vulnérables, les stupéfiants, les marchandises illicites et la criminalité liée aux véhicules.

Le 10 juin 2016, un mois seulement après la signature du don, le cheikh Mansour al-Nahyane, vice-président des Émirats arabes unis, frère du prince héritier « MBZ » et patron du club de football de Manchester City, fait son entrée dans la Fondation Interpol. Il y dispose d'un pouvoir de signature. Pendant plusieurs années, un autre dignitaire émirati, Hamad Saeed al-Shamsi, ambassadeur des Émirats arabes unis au Liban, occupera même un poste d'« ambassadeur de la Fondation Interpol » créé sur mesure.

Abou Dhabi rentrait par une porte dérobée, celle menant à une sulfureuse fondation suisse. Mais à la suite de ce don, les Émirats allaient devenir de plus en plus influents au sein de l'organisation policière.

20

L'œil du faucon

« Nous avons des lois et nous n'avons pas de lois en même temps. Il n'y a pas de justice. »

MOHAMMED SAQR AL-ZAABI

Dubaï (Émirats arabes unis), mars 2023

« *Good morning. Assalamu alaykum.* » Jürgen Stock est le premier à prendre la parole. « C'est un honneur et un privilège de me tenir ici devant vous », lance le secrétaire général d'Interpol à l'assemblée. Dans le public de la salle de conférence, certains hommes portent la *dishdasha*, la longue robe blanche traditionnelle, assortie sur la tête de la *ghutra*, le keffieh émirati. D'autres sont vêtus d'un simple uniforme de police. Des gradés de Dubaï ou d'Abou Dhabi sont venus écouter religieusement le patron d'Interpol. Jürgen Stock en profite pour louer le « soutien généreux » des Émirats arabes unis, « un partenariat unique », qui aura « un impact qui perdurera pour les générations futures de policiers ».

Serrant des mains, saluant chaleureusement des collègues, Jürgen Stock est la guest-star de ce « sommet mondial de la police » organisé à Dubaï pour la seconde année consécutive. Pendant trois jours, des agents du monde entier, d'Interpol, d'Europol, du FBI, du NYPD[1] et de polices nationales, sont venus échanger sous le climat doux de l'hiver émirati. Aux conférences sur la cybercriminalité, la science médico-légale ou le trafic de drogues, est associé un grand salon de la police. On y croise dans les allées des chiens-robots patrouilleurs. Des drones. D'impressionnants véhicules, du char d'assaut blindé à la Corvette de la police de Dubaï. Le ministère émirati de l'Intérieur présente son « vélo sécurité média », un VTT équipé d'appareils photo dernier cri pour traquer les criminels. À quelques mètres, sur le stand de la police d'Abou Dhabi, des casques à réalité virtuelle permettent de s'immerger dans les scènes de crime et de se former à la détection d'indices matériels.

Les industriels étrangers sont bien représentés. Airbus Helicopters, Dell, Bosch ou Schneider Electric sont là. On trouve aussi les Israéliens de Cellebrite, entreprise spécialiste de l'exploitation de données des téléphones portables. Le stand des Français d'Idemia, grande entreprise d'identification et de biométrie, semble avoir un franc succès auprès de dignitaires du Golfe. Chez les Britanniques d'Eskan Electronics, on présente des mallettes de surveillance, proches de celles utilisées par les services de renseignement. « Oui, on travaille avec Abou Dhabi », lâche un employé de la société, avant de nous demander de partir gentiment. Les Norvégiens d'Elotec, peut-être les seuls à rechercher l'attention des journalistes, exposent un appareil permettant de mesurer la respiration des détenus. « Nous sommes ici pour nous développer sur de nouveaux marchés », affirme, confiant, Elend Voll, le directeur technique. La société singapourienne Dark Tracer, quant à elle, spécialisée dans l'investigation numérique, prétend rendre visible les données du *dark* et du *deep* web. « Nous cherchons des partenaires au Moyen-Orient », explique un employé. Tous espèrent

1. Département de police de New York.

nouer des contacts avec les autorités des Émirats et des pays du Golfe pour signer de futurs contrats dorés.

Dans les conférences, sur les stands, dans les allées du sommet, jamais la question des droits de l'homme au sein du pays hôte n'est évoquée. Pourtant, il y aurait de quoi discuter. De nombreuses études y ont été consacrées. Des ONG comme Amnesty International et Human Rights Watch, mais aussi des experts onusiens, ont dénoncé et documenté ces dernières années les violations répétées du droit international au sein des prisons émiraties. Mais ce jour-là, ils n'étaient pas conviés. « Je ne suis pas là pour parler de droits de l'homme », confie le Dr Duarte Nuno Vieira, près d'un stand de restauration. Ce médecin portugais, professeur à l'université de Coimbra, est habitué à conseiller des instances de l'ONU sur des terrains difficiles et dans les prisons. Il a notamment travaillé sur l'assassinat du journaliste saoudien Jamal Khashoggi. Mais, aujourd'hui à Dubaï, il parlera de médecine légale.

Ce sommet mondial de la police était inscrit depuis longtemps sur nos agendas. Nous avions réservé nos billets d'avion pour Dubaï des mois à l'avance. Nous prévoyions à la fois de couvrir ce congrès, qui comptait parmi ses invités le patron d'Interpol, tout en enquêtant sur la question des droits de l'homme aux Émirats arabes unis. En accord avec la rédaction en chef à Paris, nous nous étions accrédités pour *Mediapart*. Nous avions reçu par mail un QR code pour récupérer un badge presse à l'entrée du sommet.

À quelques semaines du départ, il restait toutefois une inconnue. Comment travailler librement aux Émirats arabes unis en tant que journaliste ? Nous contactions l'ONG Reporters sans frontières (RSF) et plusieurs sources, fines connaisseuses du pays. Toutes abondaient dans le même sens : la liberté de la presse n'est qu'une chimère aux Émirats. Malgré l'image de carte postale bling-bling de Dubaï, véhiculée par les influenceurs et les ex de la télé-réalité sur les réseaux sociaux, le pays est bâillonné. Les Émirats arabes unis ne sont que 145e au classement de la liberté de la presse de RSF en 2023. Les médias sont liés au gouvernement et les journalistes étrangers surveillés. Les partis politiques n'existent pas, les opposants sont sévèrement punis. Pour un journaliste, rencontrer sur place une source critique du régime, ou sa famille, revient à les mettre en danger.

Des opposants surnomment le gouvernement « l'œil du faucon », en référence à l'animal sacré du pays, et à cette surveillance généralisée de tous les instants. Aux Émirats arabes unis, les applications téléphoniques cryptées comme Signal sont bloquées. Les VPN, les réseaux virtuels privés qui permettent de dissimuler la localisation et l'adresse IP de son ordinateur, sont pénalisés. Pour ne prendre aucun risque vis-à-vis de nos sources et de nos proches, nous avons décidé d'emporter avec nous à Dubaï des appareils électroniques vierges, formatés, vides de tout contact. Des révélations récentes nous avaient vaccinés.

En 2021, 17 médias internationaux, coordonnés par le collectif Forbidden Stories, démontraient comment le logiciel Pegasus de la société israélienne NSO avait infiltré des dizaines de milliers de téléphones portables de citoyens, de chefs d'État, d'opposants politiques ou de journalistes, à la demande de pays autoritaires. Avec 10 000 numéros potentiellement ciblés – seul le Mexique faisait mieux – les Émirats étaient en première ligne. Des opposants politiques, comme le militant des droits de l'homme le plus connu du pays, Ahmed Mansour, avaient été hackés. L'universitaire anglais Matthew Hedges, torturé pendant des mois à Abou Dhabi ainsi que son avocat Rodney Dixon étaient aussi dans la liste. La princesse Latifa de Dubaï, mais aussi des hauts dirigeants libanais, irakiens ou yéménites, étaient également ciblés.

Dans l'univers de la technosurveillance comme dans beaucoup d'autres domaines, les Émirats arabes unis (EAU) boxent au-dessus de leur catégorie. La pétromonarchie du Golfe, dont la population autochtone dépasse à peine 1 million, a développé, en l'espace de dix ans, une activité cyberoffensive tous azimuts. De même qu'elle s'est dotée d'une armée inhabituellement performante pour un pays de la péninsule Arabique, la fédération de sept principautés, dirigée depuis Abou Dhabi par le prince Mohammed Ben Zayed (« MBZ »), est devenue un poids lourd de l'espionnage numérique.

« Projet Pegasus : de la répression domestique à l'espionnage géopolitique aux Émirats », *Le Monde*, 21 juillet 2021

Deux jours après notre arrivée à Dubaï, nous rencontrons un journaliste étranger installé comme correspondant. Nous avons rendez-vous au « Mall of The Emirates », l'un des immenses centres commerciaux de la ville. Le lieu choisi pour la rencontre ne pouvait être qu'à Dubaï, symbole de tous les excès. « Disons le Costa Coffee du Mall. Celui qui est à côté de la piste de ski », nous avait écrit le journaliste avant notre départ. Nous continuons donc cette conversation autour d'un café, à quelques mètres de skieurs, de bobsleighs, de remontées mécaniques et de Dubaïotes en blouson, malgré les trente degrés extérieurs.

Être correspondant aux Émirats arabes unis, c'est faire preuve de souplesse, pour ne pas dire d'autocensure. Les sujets économiques sont le plus souvent libres. Les sujets politiques, critiques du gouvernement, eux, ne passent pas. Le journaliste nous prévient d'emblée qu'il ne pourra pas nous aider sur une enquête liée à la police. Il confirme la surveillance, totale mais presque invisible. « La police n'est pas omniprésente ici, mais elle est extrêmement efficace », explique le reporter. « Des gens alcoolisés dans la rue sont vite arrêtés grâce aux caméras de surveillance », ajoute-t-il.

« Ici, c'est tellement sûr que quand tu oublies ton portable dans le taxi, tu le retrouves le soir. »

Une politique sécuritaire confortable pour les étrangers et les citoyens qui respectent les règles, mais très violente pour ses opposants. « Aucun Émirien ne peut critiquer le gouvernement. Le printemps arabe a été un vrai traumatisme pour le gouvernement, c'est important de le comprendre. Il y a eu un début de soulèvement et il y a eu des lois vagues dans la foulée », explique le journaliste.

Depuis, les Émirats arabes unis étaient devenus un État policier et répressif. Dans la foulée des printemps arabes, le gouvernement avait fait adopter une série de lois qui criminalisaient de simples messages sur les réseaux sociaux. En 2013, un tribunal a ainsi poursuivi et condamné des dizaines de dissidents, connus sous le nom de « UAE94 », à des peines de sept à quinze ans de prison pour « atteinte à la sécurité de l'État », dans des conditions opaques. Les autorités émiraties accusaient ces dissidents d'être des islamistes proches des Frères musulmans. Mais certains de ces militants avaient signé une pétition appelant à des élections et une réforme démocratique.

Mohammed Saqr al-Zaabi est l'un de ces « 94 ». Réfugié à Londres, cet ancien procureur émirati a fui le pays en 2012. Il a été condamné en son absence à quinze ans de prison par la Cour fédérale d'Abou Dhabi. En 2021, il a même été inclus, avec d'autres militants, sur une liste nationale de terroristes. « La grande différence s'est produite après 2012 », confirme Mohammed Saqr al-Zaabi, que nous joignons via une messagerie chiffrée début 2023. « Ils ont commencé à arrêter des gens, à ennuyer les familles. Ils ont adopté des lois sur le terrorisme, des lois sur les réseaux sociaux. Lorsque vous écrivez quelque chose, vous pouvez aller en prison, comme Mansour. Ils ont interdit aux familles d'accéder aux aéroports et de voyager. Ils ont arrêté ma femme et l'ont gardée pendant cinq jours, juste pour faire pression sur moi. Fin 2015, j'ai emmené ma famille hors du pays, parce qu'à cette époque, ils refusaient de renouveler les passeports », raconte l'opposant. Pour ce juriste, procureur public pendant seize ans, « nous avons des lois et nous n'avons pas de lois en même temps. Il n'y a pas de justice ».

En avril 2021, David Calvert-Smith, un grand juge britannique à la retraite, rédigeait un rapport sévère sur la justice aux Émirats arabes unis, en lien avec son influence grandissante au sein d'Interpol. Cet ancien directeur des poursuites pénales en Angleterre et au pays de Galles avait été missionné par des avocats anglais à la suite de la candidature du major général Al-Raisi à la présidence d'Interpol. « Ma principale conclusion est que même si les Émirats arabes unis ont accompli des progrès dans le domaine des droits de l'homme, il reste encore beaucoup de chemin à parcourir. Ce pays est loin d'être un bon exemple, à la fois sur le plan intérieur, mais aussi pour son utilisation des notices rouges d'Interpol », nous expliquait David Calvert-Smith, alors que nous l'interrogions pour le média d'investigation *Mediacités*.

Les Émirats arabes unis instrumentalisent régulièrement les bases de données d'Interpol, censées être réservées aux crimes les plus graves, pour chasser de petits délinquants présumés, souvent pour de simples histoires de dettes ou de chèques impayés. Des avocats ou des entrepreneuses comme Radha Stirling, à Londres, se sont même spécialisés dans la défense des victimes de notices rouges ou d'arrestations abusives aux Émirats. Le rapport de David Calvert-Smith détaille ainsi plusieurs exemples de notices rouges litigieuses émises par les autorités émiraties. Comme celle de Robert Urwin, un citoyen britannique emprisonné quarante jours en Ukraine, en 2018, aux côtés d'assassins et de violeurs, pour une histoire de chèque refusé treize ans plus tôt aux Émirats arabes unis. La notice a fini par être retirée par Interpol et depuis janvier 2022, l'organisation policière indique que les chèques non provisionnés ne peuvent pas être un motif de notice rouge, mais le mal était fait.

Dans le même temps, Dubaï, ville la plus peuplée des Émirats, est devenue un refuge pour les criminels du monde entier. En 2020, la fondation américaine Carnegie publiait un rapport sur la criminalité dans l'émirat. Dans son résumé, elle brosse le portrait d'un havre de paix pour criminels de toutes nationalités.

> Des acteurs corrompus et criminels du monde entier opèrent par l'intermédiaire ou à partir de Dubaï. Les seigneurs de guerre afghans, les mafieux russes, les kleptocrates nigérians, les blanchisseurs d'argent européens, les briseurs de sanctions iraniens et les trafiquants d'or d'Afrique de l'Est trouvent tous à Dubaï un endroit propice à leurs activités.
>
> « Le rôle de Dubaï pour faciliter la corruption et les flux financiers internationaux illicites », Fondation Carnegie pour la paix internationale, 2020

En mai 2022, une enquête journalistique rassemblant 20 médias internationaux, dont *Le Monde* en France, en partenariat avec le Center for Advanced Defense Studies, un groupe de réflexion américain composé d'universitaires et d'anciens militaires, avait révélé, à partir d'une base de données de biens immobiliers, comment l'émirat était devenu un paradis mondial de l'argent sale. Nom de code de l'enquête : « Dubai Uncovered ». Des oligarques russes y étaient surreprésentés, dont un homme d'affaires proche du dictateur tchétchène Ramzan Kadyrov. L'afflux d'argent sale se serait même accéléré depuis l'invasion russe en Ukraine et les sanctions européennes, les Émirats se déclarant neutres sur la question de la guerre. Des individus impliqués dans la criminalité organisée étaient également présents dans la base de données, dont un ancien promoteur de boxe irlandais soupçonné de trafic de cocaïne.

En avril 2023, dans une autre enquête fouillée, l'hebdomadaire *L'Obs* raconte comment Dubaï est devenue « une base arrière des plus gros narcotrafiquants français ». Certains de ces criminels, installés à Dubaï en toute impunité, sont même sur notice rouge d'Interpol.

> Une vingtaine de personnes recherchées par la France dans les plus grosses enquêtes de trafic de stups sont localisées dans l'émirat. Des notices rouges d'Interpol – qui demandent la localisation et l'arrestation de la personne – ont été émises à leur encontre. Une partie figure dans le "Top Nat", le classement créé par l'Ofast[1] qui regroupe les dix trafiquants les plus recherchés de l'Hexagone.
>
> « Dubaï Connection », *L'Obs*, 20 avril 2023

Si le journal note une augmentation des interpellations de ces « narcos », longtemps les « rois du pétrole » à Dubaï, les extraditions sont parfois encore bloquées par la justice émiratie. Les autorités ne semblent pas appliquer le même zèle contre certains criminels étrangers que contre ses propres opposants politiques.

> La décision d'extrader les personnes visées par des notices rouges vers les pays qui les réclament appartient aux magistrats. "Cette étape est encore compliquée à franchir, constate une source policière. La police coopère, mais sans que l'on comprenne véritablement pourquoi les demandes d'extradition sont parfois rejetées. Surtout pour les logisticiens. La justice semble plus prompte à extrader des personnes qui ont du sang sur les mains que celles soupçonnées de délits financiers."
>
> « Dubaï Connection », *L'Obs*, 20 avril 2023

1. Office antistupéfiants de la police judiciaire française.

Début avril 2023, nous contactons par mail l'ambassade des Émirats arabes unis en France, afin d'obtenir des réponses sur le rôle d'Abou Dhabi au sein d'Interpol et leurs actions contre la criminalité transfrontalière. L'ambassade nous a adressé ce communiqué quelques semaines plus tard.

2 mai 2023 – Les Émirats arabes unis sont classés parmi les pays les plus sûrs au monde, ce qui se reflète dans le fait qu'ils abritent plus de 200 nationalités aux cultures et traditions diverses. C'est dans cet état d'esprit multiculturel que les Émirats arabes unis travaillent, avec des pays et organisations partenaires du monde entier, à renforcer l'architecture sécuritaire mondiale.

Depuis l'adhésion à INTERPOL en 1973, les Émirats arabes unis œuvrent pour la lutte contre la criminalité transnationale, avec pour priorité absolue d'améliorer notre réponse commune aux dangers qui déstabilisent nos communautés. Dans ce cadre, INTERPOL est une plate-forme essentielle pour permettre une collaboration efficace, la réalisation d'opérations complexes et l'échange d'informations (...).

Les Émirats arabes unis ont piloté de nombreuses opérations transfrontalières avec INTERPOL afin d'aider à démanteler les réseaux internationaux et amener les criminels en justice. Par exemple, en janvier 2023, les Émirats arabes unis ont mené à bien une opération de haut niveau ayant abouti à l'arrestation d'un trafiquant et passeur de migrants au Soudan, Kidane Zekarias Habtemariam. Le suspect faisait l'objet de deux notices rouges INTERPOL, l'une de l'Éthiopie et l'autre des Pays-Bas, notamment pour trafic de migrants et traite d'êtres humains. En collaboration avec INTERPOL, les autorités émiriennes ont mené une enquête approfondie sur son réseau et les membres de sa famille, qui a permis de déceler des activités de blanchiment d'argent et donc localiser l'intéressé au Soudan.

La coopération des Émirats arabes unis avec INTERPOL se préoccupe également du développement des compétences et d'échange d'informations. Six agents émiriens sont actuellement détachés auprès d'INTERPOL, où ils exercent différentes fonctions, notamment au sein des bureaux de coordination, de cybercriminalité, de lutte contre la corruption et du renseignement criminel, à Lyon, New York et Singapour. Les Émirats arabes unis accueillent aussi fréquemment des congrès de coordination, dont le plus récent est la 24ème Conférence régionale asiatique d'INTERPOL.

En 2016, les Émirats arabes unis ont été contactés par la Fondation INTERPOL pour un monde plus sûr, afin d'apporter une contribution financière à l'organisation. Le don des Émirats arabes unis a permis de soutenir des programmes axés sur la lutte contre le terrorisme, le trafic de stupéfiants et les marchés illicites ; des programmes ayant abouti à l'arrestation de criminels dans le monde entier.

Déclaration du gouvernement des Émirats arabes unis

En quelques années, Abou Dhabi a pris une place stratégique au sein de l'organisation policière. Avec ce don de 50 millions d'euros à la Fondation Interpol, les Émirats sont devenus l'un des plus gros financeurs de l'agence policière. Depuis, les événements parrainés par Interpol se sont multipliés aux Émirats. En mars 2017, une importante conférence sur la sécurité s'est tenue à Abou Dhabi, sous le patronage de l'organisation policière. L'année suivante, Dubaï accueillait l'assemblée générale d'Interpol, qui se tient chaque année dans un pays différent. Et en 2020, une nouvelle assemblée générale de l'agence policière aurait dû se tenir à Abou Dhabi, avant d'être annulée pour cause de COVID-19.

Jürgen Stock, lui, pourrait même penser à s'offrir une petite résidence secondaire aux Émirats, tant il foule régulièrement son sol. Conférence des responsables de la police et de la sécurité des pays arabes, réunion régionale asiatique d'Interpol à Abou Dhabi, sommet mondial de la police à Dubaï… Entre janvier et mars 2023, le patron d'Interpol aura fait le déplacement une fois par mois aux Émirats arabes unis.

Et il n'est pas le seul à avoir pris goût au soleil des Émirats. D'autres anciens pontes de l'agence policière, et non des moindres, se sont installés sur place. Nous avions quitté Ronald Noble à Monaco en 2014, pour son discours d'adieu et son bilan à la tête de l'agence policière. Le haut fonctionnaire et avocat américain, qui avait pactisé avec la Fifa ou Philip Morris, s'est depuis reconverti dans le privé. Il a créé sa société, RKN Global, spécialisée dans les produits de sécurité, et l'a enregistrée à Dubaï, dans une zone industrielle loin des gratte-ciel. L'ancien patron d'Interpol a-t-il vu l'émirat comme un emplacement idéal pour ses affaires ? Nous n'en saurons pas plus. Noble n'a pas répondu à nos questions, malgré nos relances.

Mais au-delà des personnalités, des événements policiers et du financement de l'organisation, c'est en novembre 2021 que les Émirats arabes unis allaient réaliser leur plus grand coup. En installant l'un des leurs à la présidence de l'une des plus prestigieuses organisations internationales.

21

Ahmed Naser al-Raisi

> « *Nous devons également rejeter les arrestations et détentions arbitraires, et condamner la torture et les autres traitements inhumains ou dégradants.*
> *Ce ne sont pas là les outils d'une bonne police.* »
>
> *Sarka Havrankova*

Istanbul (Turquie), novembre 2021

L'image est symbolique, presque trop belle. Devant des policiers du monde entier, Ahmed Naser al-Raisi, costume noir et cravate rouge, vient saluer sa rivale, Sarka Havrankova. Ce matin du 25 novembre, à l'assemblée d'Istanbul, l'inspecteur général du ministère de l'Intérieur des Émirats arabes unis a été élu président d'Interpol contre la directrice de la coopération internationale de la police tchèque. Il a obtenu les deux tiers des voix exprimées au troisième tour. Un coup de tonnerre. Sur la photo, difficile de déceler une réaction sur le visage de Sarka Havrankova. Ses traits sont dissimulés par un masque blanc chirurgical. Pas sûr que cette grande flic soit ravie du résultat. Quelques minutes plus tôt, la candidate de l'Union européenne, par ailleurs vice-présidente du comité exécutif d'Interpol, s'était exprimée sur Twitter, rappelant les principes fondamentaux de l'organisation de police criminelle.

> @SarkaHavrankova – 25 nov. 2021
> L'article 2 de la constitution de l'organisation exige de nous de faire notre travail dans l'esprit de la #DéclarationUniverselleDesDroitsDeLhomme | #Interpol #InterpolAG

> @SarkaHavrankova – 25 nov 2021
> Cela signifie que nous ne devons pas faire de discrimination. Nous devons défendre et faire respecter le droit à la vie et à la liberté, à l'égalité devant la loi et à des procès équitables.

> @SarkaHavrankova – 25 nov 2021
> Nous devons également rejeter les arrestations & détentions arbitraires & condamner la torture & les autres traitements inhumains ou dégradants. Ce ne sont pas là les outils d'une bonne police.

Cette ponte de la police tchèque ne le nomme jamais. Mais entre les lignes, on comprend bien qui est la cible. Depuis quelques mois, Ahmed Naser al-Raisi est accusé de complicité de torture aux Émirats arabes unis. Des enquêtes judiciaires ont été ouvertes en France et en Grande-Bretagne. La presse internationale s'en est fait largement l'écho. Nous y compris. Et pourtant, malgré ce *curriculum vitæ* à faire pâlir les directeurs des ressources humaines de la police, le général émirati est élu président du comité exécutif d'Interpol jusqu'en 2025.

Cette élection marque notre retour aux affaires. Nous commençons à collecter des informations sur le nouveau président d'Interpol. Mais c'est loin d'être simple. La biographie officielle d'Ahmed

Naser al-Raisi, peu connu sur le plan international, ne mentionne même pas de date de naissance, et lui-même n'a pas répondu à nos questions, malgré nos relances.

Nous savons tout de même que sa carrière démarre dans les années 1980, quand le jeune agent fait ses débuts dans la police d'Abou Dhabi, la capitale des Émirats arabes unis. Puis, en 1986, il prend la tête de l'Institut de la police scientifique, avant d'intégrer des postes à responsabilité au sein du département des technologies de l'information et des communications. Son profil, attiré par les nouvelles technologies, semble plus technique qu'opérationnel. D'après son site web, le général contribue personnellement au « développement et à l'amélioration du système de sécurité électronique des Émirats arabes unis grâce aux dernières innovations technologiques, notamment le système de reconnaissance faciale et par l'iris ». Toujours est-il qu'il prend du galon. En 2005, il est nommé directeur central des opérations de la police d'Abou Dhabi. Et entre 2012 et 2015, il devient le directeur général des services électroniques et des communications au sein du ministère de l'Intérieur. Il occupe alors un poste clé à une époque charnière.

Aux Émirats, le printemps arabe est un bouleversement politique. Le pays bascule dans l'autoritarisme et devient un État policier qui réprime toute contestation. En 2012 est adoptée une loi sur la cybercriminalité, qui criminalise la liberté d'expression. Ainsi, note Human Rights Watch, son article 29 punit d'emprisonnement quiconque utilise les technologies de l'information « dans l'intention de tourner en dérision ou de porter atteinte à la réputation, à la stature ou au statut de l'État, de l'une de ses institutions, de son président ou de son vice-président, des dirigeants des Émirats, de leurs princes héritiers ou de leurs adjoints, du drapeau de l'État, de la sécurité nationale, de sa devise, de son hymne national ou de ses symboles ». Les journalistes, écrivains, blogueurs, militants, artistes, poètes, sont prévenus.

Entre 2012 et 2015, des dissidents sont victimes d'attaques informatiques. Au moins cinq de ces cibles, comme le rapporte le Citizen Lab, un laboratoire de recherche basé à Toronto, seront arrêtées ou condamnées en leur absence en relation avec leur activité sur Twitter.

En 2016, le laboratoire canadien alerte sur un nouveau logiciel espion, découvert dans l'iPhone du plus célèbre militant des droits de l'homme émirati, Ahmed Mansour. Nom de code : Pegasus. Pour la première fois, on entend parler de ce logiciel espion commercialisé par la firme israélienne NSO. Deux ans plus tard, Ahmed Mansour est condamné à dix ans de prison pour « atteinte à la réputation de l'État ». En cause : des posts sur les réseaux sociaux, mais aussi, selon Human Rights Watch, des mails privés et des conversations sur WhatsApp.

Entre-temps, Ahmed Naser al-Raisi a soutenu une thèse en études policières à l'université de Londres et a été promu inspecteur général des Émirats arabes unis en 2015. Quelles sont précisément ses fonctions ? Une visite sur le site Internet du ministère de l'Intérieur des Émirats nous donne quelques détails. En lien direct avec le ministre, le bureau de l'inspecteur général aurait pour mission « d'effectuer des inspections périodiques » de tous les départements de police et services de sécurité, et « d'enquêter sur les plaintes » contre la police.

Le général Al-Raisi dirige aussi le « Comité suprême du développement des systèmes électroniques judiciaires ». En 2018, par exemple, il se rend à Ras al-Khaimah, l'un des sept émirats qui composent le pays, pour y inspecter les outils électroniques, y compris « le service de liaison de vidéo directe avec les détenus des établissements pénitentiaires et correctionnels », comme le rapporte un communiqué de presse de l'émirat de Ras al-Khaimah.

La même année, les Émirats font rentrer le général Al-Raisi au comité exécutif d'Interpol. Il est élu pour un mandat de trois ans comme délégué pour l'Asie. Dans l'ombre, il commence à se familiariser avec les procédures et les rouages d'une organisation aussi technique que politique. Petit à petit, il va se placer pour la présidence de l'organisation mondiale de police. Pour y accéder, le calcul est simple. Un pays, un vote.

La campagne est lancée en 2021. Le général et les Émirats concentrent notamment leurs efforts sur le continent africain, fort de 54 pays membres d'Interpol. Le 20 juillet 2021, Al-Raisi se rend à Dakar, où il est reçu par le président sénégalais, Macky Sall. Ainsi commence une tournée dans neuf pays africains. En quelques jours, le général voyage au Togo, en Sierra Leone, en Gambie, en république démocratique du Congo, au Niger, en Guinée, au Burkina Faso et en Guinée-Bissau. Le policier émirati y est accueilli avec égards, comme un véritable chef d'État, par les présidents africains. Al-Raisi leur promet d'accélérer les projets d'Interpol sur le continent.

> L'Afrique est au cœur de mon programme pour Interpol. L'organisation compte 54 pays membres africains et, comme tous les pays du monde, le continent africain est confronté aux diverses menaces que vous venez d'évoquer. Par conséquent, je suis convaincu qu'une meilleure implication des pays africains dans Interpol, l'adaptation des méthodes d'action, le renforcement des capacités humaines et logistiques seront, entre autres, centrales dans mon projet. De même, si je suis élu, j'établirai une interaction plus dynamique entre Interpol et Afripol avec un plan de travail stratégique pour 2022-2026 qui définira des mesures prioritaires spécifiques à l'Afrique. Je sais que l'accession du Sénégal à la présidence de l'Union africaine

en 2022 sera positive pour la collaboration Afripol – Interpol.

Nous devrons également renforcer les quatre bureaux régionaux à Abidjan, Yaoundé, Nairobi, Harare, et les 54 bureaux nationaux pour les rendre plus efficaces et fonctionnels. Pour cela, je développerai le projet I-ONE, qui vise à doter les bureaux nationaux d'Interpol en Afrique d'équipements de haute technologie pour déployer leur capacité d'intervention. Il en va de même pour le programme Interpol- WAPIS, qui a pour but d'améliorer le partage d'informations entre les bureaux nationaux en Afrique.

« Interview avec le Major General Ahmed Nasser Al-Raisi :L'Afrique, au cœur du projet des Émirats pour Interpol », *Dakar Times*, 17 juillet 2021

Les Émirats veulent mettre toutes les chances de leur côté pour la campagne. Et ils y mettent largement les moyens. En janvier 2017, selon nos informations, un ancien coordinateur de la branche EDPS d'Interpol, la direction des services de police, a été embauché comme conseiller stratégique à la police d'Abou Dhabi. Son ancien patron à Interpol, Tim Morris, directeur exécutif de l'organisation policière entre 2015 et 2019, allait bientôt le suivre. Entre novembre 2019 et décembre 2022, ce haut policier australien est lui aussi devenu « conseiller stratégique » du ministère de l'Intérieur à Abou Dhabi, période de la campagne et de l'élection du général Al-Raisi à la présidence d'Interpol. Un coup de maître. Contacté via LinkedIn, Tim Morris, qui est reparti en Australie, n'a pas donné suite à nos sollicitations.

Les Émirats ont également mandaté une agence internationale de lobbying, Project Associates. La firme, basée à Londres ou encore à Paris, pilote la communication d'événements internationaux émiratis comme le sommet mondial de la police de Dubaï.

Parmi les associés de Project Associates, on retrouve un certain Dominique Trinquand, général français à la retraite, comme l'a relevé le média *Orient XXI*. Le militaire, habitué des plateaux de chaînes d'info en continu pour disserter sur l'actualité internationale, a publié deux tribunes, dans les colonnes de *Marianne* et de *L'Opinion*, en janvier 2021, pour dire tout le bien qu'il pensait des Émirats arabes unis. Quelques mois plus tard, en juillet, alors que le général Al-Raisi fait la tournée des pays africains pour sa campagne, le général Trinquand fait l'éloge de sa candidature dans une tribune publiée par *Jeune Afrique*.

> Habitués à un rôle de médiateur entre le bloc occidental et les puissances asiatiques ou africaines, les EAU sont déterminés à ce qu'Al Raisi devienne le premier président de l'institution lyonnaise issu du monde arabe – un symbole important tant la compréhension des dynamiques animant cette région est cruciale dans notre lutte commune contre le terrorisme et l'extrémisme. Par son positionnement au croisement de nombreux enjeux qui planent actuellement sur le Sahel, Interpol est une institution qui peut contribuer à faire avancer durablement la paix dans cette région stratégique pour la France et l'Europe. Élire à sa présidence un expert des liens entre crime organisé et terrorisme permettra à Interpol de prendre une place importante dans le dispositif sécuritaire qui accompagnera la lutte contre le terrorisme au Sahel.
>
> « Interpol, un partenaire précieux au Sahel », par Dominique Trinquand, *Jeune Afrique*, 30 juillet 2021

Dans une réponse à *Orient XXI*, Dominique Trinquand assume et affirme que « la candidature d'Al-Raisi est intéressante dans le cadre de la lutte contre l'islamisme radical, dans laquelle la France et les Émirats arabes unis se rejoignent ». Le général explique tenir des positions « totalement personnelles » et assure ne pas travailler avec Project Associates sur les Émirats.

La campagne de lobbying émiratie aura tout de même payé. Le 25 novembre, Ahmed Naser al-Raisi est élu président d'Interpol avec les deux tiers des voix des États membres. Pourtant, en Europe et dans les pays occidentaux, les accusations de torture contre le général et les Émirats ont été largement relayées dans la presse. La veille du scrutin, le quotidien *Le Monde* appelait dans son éditorial à « éviter le naufrage d'Interpol ». La France, qui abrite le siège de l'organisation policière et qui cultive d'excellentes relations commerciales avec Abou Dhabi, n'avait pas réagi officiellement à cette élection. Avait-elle soutenu le candidat émirati ? « Le vote est confidentiel », nous oppose-t-on du côté de la division des relations internationales de la PJ. Quelques jours après l'élection du général Al-Raisi, le 3 décembre, Emmanuel Macron signera la vente de 80 avions de combat Rafale et 12 hélicoptères aux Émirats arabes unis.

Pourtant, en 2021, trois citoyens avaient porté plainte en France contre le général Al-Raisi. Une information judiciaire pour « complicité de torture » a été confiée à un juge d'instruction parisien au printemps 2022. « Des procédures sont toujours en cours », nous explique le parquet national antiterroriste du tribunal de Paris, en juin 2023. Dans un communiqué qu'il nous a fait parvenir par mail, le gouvernement des Émirats arabes unis se montre de son côté « catégorique » sur ces accusations.

L'élection du général Ahmed Al-Raisi à la présidence d'INTERPOL témoigne de l'ampleur de la contribution des Émirats arabes unis à la sécurité mondiale. En tant qu'Inspecteur général du ministère de l'Intérieur, le général Al-Raisi est à la tête des forces de l'ordre émiriennes, où il a développé un système de sécurité, une culture de l'innovation et une plate-forme de services communautaires de très haute qualité. Les Émirats arabes unis sont catégoriques : les allégations contre le général Al-Raisi sont fausses, sans équivoque.

Déclaration du gouvernement des Émirats arabes unis, 2 mai 2023

Parmi les plaignants, deux ressortissants britanniques étaient très précis dans leurs témoignages. Le premier est l'universitaire Matthew Hedges avec qui nous avons échangé. Il aurait été enfermé pendant des mois en 2018 dans un commissariat d'Abou Dhabi, drogué, torturé psychologiquement, condamné à la prison à vie pour espionnage puis gracié par les Émirats. Le second se nomme Ali Issa Ahmad. Ce jeune supporter de football anglais aurait été emprisonné et agressé par la police en 2019, dans l'émirat de Sharjah, pour avoir porté un maillot du Qatar, selon le témoignage qu'il a livré au *Guardian*. « Je pensais à 100 % que j'allais mourir aux Émirats arabes unis », a-t-il déclaré au quotidien britannique.

Une troisième plainte contre Naser al-Raisi a été déposée par l'ONG Gulf Center for Human Rights, au nom de l'activiste Ahmed Mansour, condamné en 2018 à dix ans de prison pour des messages sur les réseaux sociaux. Selon la plainte, que nous avons pu consulter, le récipiendaire du prix Martin-Ennals – surnommé le « Nobel des droits de l'homme » – serait incarcéré aux Émirats arabes unis dans des « conditions moyenâgeuses constitutives d'actes de torture ». Ingénieur, poète et père de famille, Ahmed Mansour serait emprisonné dans une cellule de quatre mètres carrés dans la prison d'Al-Sadr, près d'Abou Dhabi. « En tant qu'inspecteur général, Al-Raisi est chargé de la performance de toutes les forces de police, et tout ce qui se passe en prison doit être sous son autorité. Il doit enquêter sur chaque mauvaise conduite et violation des droits de l'homme. Mais il ne l'a pas fait », accuse

Khalid Ibrahim, le directeur du Gulf Center for Human Rights, que nous joignons par téléphone.

Quelques semaines seulement après l'élection du général Al-Raisi à la présidence d'Interpol, une autre affaire va déclencher l'inquiétude des organisations des droits de l'homme. Début 2022, un citoyen du Bahreïn, Ahmed Jaafar Mohamed Ali, sous le coup d'une notice rouge d'Interpol depuis 2015, est extradé depuis la Serbie. Il avait été condamné par contumace au Bahreïn à la prison à vie pour des actes de terrorisme et le meurtre de trois policiers, dont l'un de nationalité émiratie. Mais l'homme, qui se dit innocent, se présente comme un opposant politique. En 2010 déjà, il avait témoigné d'actes de torture de policiers du Bahreïn auprès de Human Rights Watch. Sur l'affaire des meurtres de policiers, rapporte le *Guardian*, trois de ses coaccusés avaient été condamnés à la peine de mort. En 2017, Agnès Callamard, à l'époque rapporteuse spéciale de l'ONU, avait parlé de « procès inéquitable », de « preuves fragiles » et « d'exécutions extrajudiciaires ».

Arrêté en novembre 2021 sur la base d'une notice rouge d'Interpol, Ahmed Jaafar Mohamed Ali avait demandé l'asile politique à la Serbie, craignant d'être torturé s'il était renvoyé au Bahreïn, une monarchie autoritaire qui réprime toute opposition. En vain. Le 24 janvier 2022, il est extradé vers son pays d'origine.

Trois jours plus tôt, la Cour européenne des droits de l'homme avait pourtant demandé à la Serbie de suspendre l'extradition, le temps de recueillir des compléments d'information. Trop tard selon Belgrade, qui dit n'avoir pas reçu le courrier à temps.

De son côté, le ministre de l'Intérieur du Bahreïn avait décrit la déportation comme « une opération conjointe entre les pays membres de l'organisation internationale de police criminelle », expliquant qu'Ahmed Jaafar Mohamed Ali avait été arrêté « après la coordination et la communication avec un pays ami ». Le ministère public du Bahreïn avait ajouté que l'individu avait été « extradé de Serbie avec l'aide d'Interpol ». Au quotidien *The Guardian* qui relatait l'affaire, un porte-parole de l'organisation policière rétorqua que « le secrétariat général d'Interpol n'a été informé ni de l'arrestation de l'individu ni de la décision d'extradition prise par les autorités serbes. Il convient également de noter qu'aucun membre du comité exécutif, y compris le président, n'est impliqué ou n'a d'influence dans le processus de décision concernant la publication ou l'annulation d'une notice rouge. »

Ahmed Jaafar Mohamed Ali aura tout de même été extradé illégalement vers Manama, la capitale du Bahreïn, après avoir été arrêté sur la base d'une notice rouge d'Interpol. Et pas par n'importe quel moyen. Selon plusieurs ONG, il aurait été embarqué à bord d'un charter de Royal Jet, une compagnie émiratie d'avions de luxe détenue par un membre de la famille royale d'Abou Dhabi.

Le général Al-Raisi aurait-il joué un rôle dans cette extradition ? Rien, à ce stade, ne nous permet de l'affirmer. Mais pour les observateurs critiques d'Interpol – ONG, avocats, militants des droits de l'homme –, le poison du doute s'est durablement instillé. « Le président Al-Raisi n'a accès à rien », oppose un cadre du bureau français d'Interpol. « C'est le président d'un comité qui se réunit trois fois par an, qui est certes un organe de gouvernance, mais il n'a aucun pouvoir exécutif sur Interpol. Le patron d'Interpol, c'est Stock. Il y aurait un secrétaire général issu d'un pays de ce type-là, la Chine, la Russie, ça nous poserait question, beaucoup plus que le président », précise ce policier français. Il admet, tout de même : « La capacité de certains pays à placer des membres influents dans les organes de gouvernance d'Interpol, oui, c'est inquiétant ».

22

L'entretien

> « *Chaque cas de notice rouge qui n'est pas légitime et qui passe à travers les mailles du filet fait mal.* »
>
> *Jürgen Stock*

Lyon (France), avril 2023

Nous avons passé les barrières électrifiées. À l'entrée, nous troquons passeport et carte de presse contre un badge visiteur. Puis, nous traversons un sas de sécurité, avec tapis roulant. « Comme à l'aéroport », nous explique Mme B., la porte-parole de l'organisation, venue à notre rencontre. Des logos interdisant les armes à feu, les objets coupants et les liquides inflammables sont là pour nous le rappeler. Quelques mètres dans la cour, et nous voici dans un grand patio lumineux. En plein cœur de cet atrium se détachent sur le sol un immense globe terrestre, la balance de la justice et le glaive de la police. Le logo d'Interpol.

Dix ans après les débuts de notre enquête, nous pénétrons enfin dans le siège de l'organisation mondiale de police, à Lyon. Il aura fallu insister un peu, forcer une poignée de main à Dubaï avec M. Stock. C'est finalement Mme B. elle-même qui nous a proposé cette interview. Un sentiment étrange, entre impatience et appréhension, nous parcourt lorsque nous entrons dans le bâtiment.

Dans le hall, un buffet a été installé, en vue d'une réception. Au fond, on aperçoit une petite boutique de souvenirs. On y trouverait du vin Interpol, paraît-il. Mais nous ne sommes pas venus faire du shopping. Nous nous dirigeons vers l'ascenseur. Mme B. appuie sur le bouton du cinquième étage. Le dernier, celui du secrétaire général.

La porte-parole nous conduit dans une grande salle de réunion. Une télévision et des caméras sont installées pour les visioconférences. Dans un coin, un fond bleu floqué aux cent ans d'Interpol a été aménagé pour des discours. Nous nous installons près de la grande table, face à une baie vitrée. Celle-ci donne sur une terrasse avec vue sur le Rhône. Au loin, on aperçoit la colline de Caluire. Avec un sourire, nous repensons au photographe Pierre-Antoine Pluquet qui, dix ans plus tôt, avait dû s'y faufiler à travers les ronces afin de prendre la photo parfaite pour la une de *Lyon Capitale*.

Jürgen Stock arrive avec quelques minutes de retard. Il s'assoit en face de nous, détendu. Il est enjoué, volubile, sympathique. « Vous voulez un café ? Moi, j'en ai besoin. Je suis rentré tard. » La veille, le secrétaire général d'Interpol était en déplacement à Vienne, en Autriche, pour se rendre sur le lieu de naissance de l'organisation internationale de police.

L'entretien va durer près de deux heures. Jürgen Stock répond à toutes les questions, y compris les plus gênantes. Il joue la carte de la transparence. « J'ai un briefing demain matin à 8 h 45, sinon je suis libre », s'amuse-t-il. « Posez toutes vos questions, j'ai le temps. »

Nous enregistrons l'entretien. Eux aussi.

JÜRGEN STOCK[1]. Merci de parler à Interpol, et pas seulement à propos d'Interpol. Nous constatons généralement que les gens parlent au sujet d'Interpol et non avec Interpol, ce que je regrette beaucoup, car, très souvent, les vieilles histoires sont recyclées. Cela ne tient pas compte de ce que nous avons fait au cours des huit dernières années pour accroître l'importance de l'organisation. Donc, j'apprécie beaucoup. Je pense que nous allons avoir une conversation détendue. Je viens de voir un tweet de quelqu'un qui disait : « Si ça n'existait pas déjà, nous devrions l'inventer ». N'est-ce pas une bonne introduction ?

ROBERT SCHMIDT. C'est super, oui.

MATHIEU MARTINIÈRE. C'est bien.

Nous décidons d'attaquer l'entretien en douceur.

ROBERT SCHMIDT. Une partie de nos questions portent sur votre travail au sein du secrétariat général. Quelles sont, selon vous, les étapes importantes de vos deux mandats ?

JÜRGEN STOCK. Le centenaire d'Interpol est l'occasion de revenir sur les origines de l'organisation et de préparer l'avenir. Depuis mon arrivée en 2014, Interpol a beaucoup changé, comme nous le savons tous. Je veux parler des discussions actuelles sur les intentions géopolitiques, les fragmentations, qui ont bien sûr aussi un impact sur l'organisation de police technique que nous sommes et que nous n'allons pas changer. Nous n'avons pas l'intention de devenir une organisation politique.

En 2014, nous avions 53 millions de données dans notre base. Aujourd'hui, nous en avons presque 130 millions. Et ce n'est pas

1. Par souci de lisibilité, nous avons parfois condensé les propos du secrétaire général d'Interpol, sans jamais, bien sûr, en altérer le sens.

seulement plus d'informations. Avec notre projet I-Core, nous essayons d'exploiter toutes les informations qui sont dans notre base de données, dans leur pleine mesure.

Un exemple. Il n'y a pas si longtemps, une personne prétendant être un migrant s'est présentée à un poste-frontière de l'Union européenne. L'agent de la police des frontières s'est dit que cette personne avait l'air un peu suspecte et qu'il fallait vérifier son identité. Nous avons donc reçu des empreintes digitales et des photos de bonne qualité et, en peu de temps, nous avons pu dire ceci à l'agent de la police des frontières : « Les empreintes digitales de la personne qui se tient devant vous ont été trouvées sur un engin explosif improvisé dans le cadre d'un attentat terroriste en Afghanistan. Cette personne pourrait donc être impliquée dans des activités criminelles ». C'est ce que j'entends par un système d'alerte mondial.

Nous avons considérablement renforcé le soutien apporté à un groupe plus restreint de pays membres qui suivent la même cible, le même groupe criminel. C'est aussi le travail effectué par Europol au niveau européen. Nous mettons en place une *task force* ou une équipe commune d'enquête, et nous facilitons la coopération d'un groupe de pays dans un climat de confiance, de sorte que les informations ne sont partagées qu'entre ces pays, et non pas avec tous les pays membres, ce qui constitue également une grande réussite.

I-Can est l'un de ces projets flexibles où grâce à cette approche, pas mon analyse, celle de l'Italie qui est à la tête de ce projet, nous avons pu faciliter plus de 40 arrestations. Je parle d'arrestations majeures de criminels du top 10, top 15, top 20. Nous avons pu, grâce au niveau d'échange d'informations, dire à certains pays : « Vous ne le saviez peut-être pas encore, mais vous avez un problème avec la 'Ndrangheta ».

MATHIEU MARTINIÈRE. I-Can, c'est l'un de vos projets majeurs ?

JÜRGEN STOCK. Il a été mis en place il y a trois ans et il est prolongé pour une année supplémentaire, car il est considéré par tous les pays participants – nous avons 13 ou 14 pays à bord maintenant – comme un succès. Ils ne dépenseraient pas d'argent ou de ressources s'ils ne considéraient pas qu'il apporte une valeur ajoutée.

Il était temps d'en venir au sujet principal de la deuxième partie de notre enquête. Le secrétaire général d'Interpol va l'aborder de lui-même.

JÜRGEN STOCK. Le grand sujet est le système de notices et de diffusions. Vous savez qu'il n'y avait qu'un petit mécanisme pour porter plainte avant mon arrivée.

MATHIEU MARTINIÈRE. Il n'y avait pas de *task force* ? C'était juste un bureau des affaires juridiques ?

JÜRGEN STOCK. Oui, à l'époque, il ne s'agissait que d'une petite branche, que j'ai transformée en direction exécutive il y a deux ans. C'est devenu une grande branche aussi importante que le directeur exécutif pour les services de police.

MATHIEU MARTINIÈRE. Et à l'intérieur, il y a la *task force* pour les notices et les diffusions ?

JÜRGEN STOCK. Elle fait partie de cette direction exécutive des affaires juridiques. Ils collaborent très étroitement avec EDPS, le service de police. Par exemple, le centre de commandement et de coordination reçoit des demandes pendant la nuit, et nous avons mis en place un processus dans lequel chaque demande est vérifiée par un groupe d'experts, composé de policiers, de juristes, d'experts des droits de l'homme, d'experts en technologies de l'information. C'est un groupe d'experts divers qui vérifie chaque demande.

ROBERT SCHMIDT. Toutes les demandes, ou juste les notices rouges ?

JÜRGEN STOCK. Toutes les notices rouges, mais aussi les diffusions pour des personnes recherchées. Les pays eux-mêmes peuvent les diffuser directement, mais la visibilité pour les pays membres est bloquée jusqu'à ce que le contrôle soit fait.

MATHIEU MARTINIÈRE. Même pour les diffusions, je veux dire les « diffusions rouges », c'est contrôlé avant ?

JÜRGEN STOCK. Même procédure. Au même niveau, cela n'existait pas auparavant.

La porte-parole d'Interpol, Mme B., intervient, pour signaler que « toutes les notices, toutes les couleurs, sont contrôlées ».

JÜRGEN STOCK. Oui.

MATHIEU MARTINIÈRE. Avant ?

JÜRGEN STOCK. Oui, avant.

MATHIEU MARTINIÈRE. C'est possible de contrôler chaque notice ?

JÜRGEN STOCK. Oui. Bien sûr, disons que nous nous basons sur les recherches que nous avons effectuées. 95 % de toutes les demandes ne sont pas controversées. Aucun problème. C'est ce que nous appelons la criminalité de droit commun, lorsque les contrôles ne durent que quelques secondes ou quelques minutes.

Mais nous avons aussi des affaires où les contrôles prennent des jours ou des semaines.

MATHIEU MARTINIÈRE. J'ai une question à propos de ces 5 %. Parce que ce chiffre concerne les notices refusées ou annulées.

JÜRGEN STOCK. Oui.

MATHIEU MARTINIÈRE. Mais combien sont en fait annulées ? Parce que ce n'est pas la même chose. Refusé, c'est avant la validation, et annulé, c'est après.

JÜRGEN STOCK. C'est tout ensemble, et pas plus de 5 %.

ROBERT SCHMIDT. En incluant la commission de contrôle des fichiers ?

JÜRGEN STOCK. Non, la CCF a ses propres statistiques. Ils publient leur propre rapport.

MATHIEU MARTINIÈRE. Donc 5 %, c'est un minimum. Parce que si nous parlons des annulations de la CCF, nous parlons de plusieurs centaines de cas par an.

JÜRGEN STOCK. La CCF, c'est une histoire différente. Il s'agit également de savoir si de nouvelles informations apparaissent. Ensuite, la CCF réexamine un cas ou dispose d'informations que nous n'avions pas. Si nous recevons des informations supplémentaires pour une personne concernée ou par un avocat, bien sûr, nous faisons la même chose que la CCF. Nous n'attendons pas la décision de la CCF, par exemple pour supprimer une notice, si nous avons déjà obtenu des informations d'une personne faisant l'objet d'une notice rouge. Mais il s'agit d'un pourcentage relativement faible du nombre total de notices rouges.

MATHIEU MARTINIÈRE. Un pourcentage faible, mais nous parlons de centaines de cas.

JÜRGEN STOCK. Bien sûr, et notre ambition est que chaque cas que nous publions ne fasse pas l'objet d'une plainte. Un cas, c'est déjà trop. Nous savons bien sûr que cela peut avoir un impact énorme sur un individu que la notice rouge a arrêté quelque part à une frontière. Bien sûr, nous avons eu des cas. C'est la raison pour laquelle nous avons investi toutes les ressources, car, dans un monde idéal, nous voulons une conformité à 100 %. Mais nous avons également des cas de non-conformité pas seulement dans les pays auxquels vous pourriez penser, mais aussi en Occident ou dans mon pays d'origine, l'Allemagne.

Le système n'est pas parfait, mais aurons-nous un jour un système parfait ? Y a-t-il un système juridique parfait dans le monde ? Je n'en sais rien. Mais au moins, nous avons beaucoup investi et je peux dire que ce n'est pas seulement mon opinion. Vous avez parlé peut-être avec des gens qui effectuent normalement un contrôle sur notre travail, des ONG comme Fair Trials International, qui au moins disent que nous allons dans la bonne direction, qu'Interpol devrait continuer ses réformes.

Nous sommes également à l'écoute d'autres pays, qui peuvent nous fournir de manière proactive ou sur demande des informations. Nous recevons parfois des rapports d'ONG que nous ne mettons évidemment pas à la poubelle, mais que nous examinons. Si un cas semble ne pas être conforme, le mécanisme de vérification peut prendre un certain temps. Nous utilisons toutes ces différentes sources pour décider si le dossier est conforme ou non.

MATHIEU MARTINIÈRE. En fait, nous avons rencontré Bruno Min de Fair Trials International, à Londres. C'est vrai qu'ils sont plutôt contents qu'il y ait plus de statistiques publiées, plus de transparence. Vous avez fait beaucoup en dix ans, mais ils sont encore dans le flou au sujet de la *task force*. Ils ne savent pas comment elle fonctionne. Pour eux, c'est toujours opaque.

JÜRGEN STOCK. Nous avons des règlements. Nous contrôlons les demandes qui sont contre nos règles. Un statut de réfugié, nous ne faisons rien. D'autre part, les cas où les éléments politiques sont dominants, c'est quelque chose qui nous laisse un certain degré de jugement. Nous ne sommes pas un tribunal. Nous ne jugeons pas, mais nous vérifions attentivement nos règles. Je ne sais pas ce que nous pouvons expliquer d'autre. Nous avons des experts autour de la table et plus l'affaire est complexe, plus nous avons de questions, c'est une sorte de travail d'équipe, nous demandons des informations supplémentaires. Mais, nous ne pouvons pas permettre aux gens de s'asseoir dans la salle, nous devons respecter la confidentialité. Nous ne fournissons pas toutes les informations au public parce que nous pensons que ce n'est pas dans l'intérêt de la coopération policière internationale.

ROBERT SCHMIDT. J'ai compris que vous ne vouliez pas nommer les pays, mais pouvez-vous dire combien de pays font actuellement l'objet de mesures de contrôle ?

MATHIEU MARTINIÈRE. Vous avez dit cinq à la fin de l'année dernière.

Jürgen Stock fait un signe de la main, pour signifier que oui, c'est à peu près ça.

ROBERT SCHMIDT. Comment fonctionnent ces mesures de contrôle ?

JÜRGEN STOCK. Ça dépend des cas. Il peut s'agir d'un spectre de surveillance. Notre équipe s'est rendue dans les pays pour fournir des conseils. Nous avons de bons exemples où l'éducation et la formation des officiers de police au sein des BCN, et même auprès de procureurs et de juges qui ne comprennent pas le fonctionnement d'Interpol ou la signification de l'article 3, ont changé le comportement en termes de respect du règlement. Nous pouvons aussi faire ce que nous faisons avec la Russie. Ils ne peuvent envoyer aucun message directement à un autre pays. Tout doit passer par le secrétariat général, et seulement si nous avons donné notre feu vert, si nous avons effectué le contrôle de conformité, alors le message est envoyé au pays concerné.

MATHIEU MARTINIÈRE. Pourquoi vous ne voulez pas nommer les pays ?

JÜRGEN STOCK. Pour les mêmes raisons que celles que j'ai évoquées précédemment. Ce n'est pas dans l'intérêt de la coopération policière internationale.

MATHIEU MARTINIÈRE. Si vous ne les nommez pas, ils continuent d'abuser.

JÜRGEN STOCK. Non. L'exemple que j'ai donné, je ne vous dis pas quel pays, mais il s'agissait d'un changement significatif en matière de conformité. Je me souviens d'un exemple où nous avions des mesures correctives et où nous avons pu, après une longue période de coopération et de formation, nous en sortir.

ROBERT SCHMIDT. Nous devons poser des questions sur des affaires concrètes. Que pouvez-vous dire au sujet de Yidiresi Aishan…

JÜRGEN STOCK. Non, je ne discute pas…

ROBERT SCHMIDT. Ahmed Jaafar Mohamed Ali…

JÜRGEN STOCK. Non…

ROBERT SCHMIDT. Toumso Abdourakhmanov et Alexey Shkittin.

MATHIEU MARTINIÈRE. Pourquoi vous décidez de ne pas commenter les cas individuels ?

JÜRGEN STOCK. C'est la responsabilité des pays d'où émane la demande. Tous les éléments d'information dont nous disposons, le propriétaire, c'est le pays concerné. L'empreinte digitale, l'ADN, le numéro de téléphone et le système de notice. Même si nous donnons une conférence de presse, nous devons appeler le pays concerné.

MATHIEU MARTINIÈRE. Si nous parlons de la Russie par exemple, parce que vous l'avez nommée. En connaissant l'état de la justice en Russie, comment faire confiance à leur BCN ?

JÜRGEN STOCK. Je fais confiance à notre mécanisme de conformité. Tout d'abord, sur la base de nos règles, vous pouvez dire que c'est naïf, mais nous supposons que les pays effectuent un contrôle de conformité adéquat. Mais la *task force* signifie que nous ne nous contentons pas de nous asseoir ici et de donner notre aval. C'était peut-être un peu plus le cas dans le passé, mais maintenant nous prenons cela très au sérieux.

MATHIEU MARTINIÈRE. Donc la première source, c'est le BCN ?

JÜRGEN STOCK. La première source d'information, c'est le BCN. Mais nous avons nos propres informations, nous avons les autres pays membres qui nous fournissent des informations. Par exemple, pour le statut de réfugié d'une personne. Nous encourageons les pays. Nous disons toujours que si vous avez des informations sensibles sur quelqu'un qui est, par exemple, considéré comme un combattant de la liberté ou un militant des droits de l'homme, vous devez nous les communiquer. Les ONG nous fournissent des informations. Les nouvelles technologies nous apportent de nouvelles opportunités.

MATHIEU MARTINIÈRE. Des technologies en source ouverte ?

JÜRGEN STOCK. Les sources ouvertes ont considérablement amélioré le mécanisme. Cela ne signifie pas que nous nous appuyons exclusivement sur les sources ouvertes, mais il s'agit d'une autre source d'information accessible au grand public. Dans notre équipe, les gens ont beaucoup d'expérience. C'est pourquoi le processus est aujourd'hui très solide. Est-ce que c'est parfait ? Non. Si quelqu'un a une idée sur la manière de la renforcer, je serai heureux d'en discuter.

Sans qu'on lui pose la question, Jürgen Stock évoque le cas de Meng Hongwei, l'ancien président d'Interpol disparu, puis condamné par la Chine. Le secrétaire général d'Interpol avait été largement critiqué à l'époque pour ne pas avoir défendu son président.

JÜRGEN STOCK. Interpol compte aujourd'hui 195 pays membres, avec des systèmes différents, des bilans très différents en matière de droits de l'homme. L'objectif d'Interpol est de fournir le soutien mutuel le plus large possible. Il y a souvent un malentendu. Nous ne jugeons pas, nous n'avons pas de mandat pour juger ce que fait un pays au niveau national. Il y a également eu un grand malentendu avec l'ancien président Meng qui a été arrêté. Il s'agit d'une question nationale. Mon mandat n'est pas de juger, de critiquer publiquement ce que le pays fait au niveau national. Ce n'est pas le rôle d'Interpol. Nous ne faisons pas la police dans nos pays membres.

MATHIEU MARTINIÈRE. Il était votre président.

JÜRGEN STOCK. Il était le président, je suis un fonctionnaire international. Et je travaille pour Interpol. Comme vous le savez, le président reste au bureau. Lorsque j'étais vice-président pour l'Europe, j'étais encore au BKA. Je travaillais pour l'Allemagne et rien d'autre. C'était un rôle honorifique, et si les Allemands m'arrêtaient, ce n'était pas une affaire pour Interpol. Nous avons donc eu quelques cas dans le passé. M. Selebi, de l'Afrique du Sud.

Nous n'avons pas abordé cette affaire dans ce livre mais, effectivement, en 2008, Jackie Selebi, président d'Interpol, avait dû démissionner, car il était accusé de corruption par les autorités de son pays. Il a été condamné à quinze ans de prison à Johannesbourg, en 2010, pour avoir reçu des cadeaux d'un baron de la drogue. La peine a été confirmée en appel l'année suivante.

ROBERT SCHMIDT. Mais avec Meng, vous ne saviez même pas où il était, en fait.

JÜRGEN STOCK. Encore une fois, pour nous, le respect de notre mandat est plus important que jamais. Strictement. Ce que fait un pays membre au niveau national sans Interpol, ce n'est pas mon problème. C'est la raison pour laquelle Interpol a été créé il y a cent ans, car les criminels traversent les frontières. La neutralité et le respect de notre mandat, limité, sont essentiels. Alors, est-ce que je fais confiance aux pays ? Oui, je fais confiance à tous les pays. Nous avons mis en place un processus approprié. Ce n'est pas une question de confiance, c'est une question de conformité.

Pendant cet entretien, nous voulons revenir sur un autre point très important, alors que l'organisation policière fête ses cent ans. L'Histoire, avec un grand « H », qu'Interpol ne semblait pas jusqu'ici vouloir regarder en face.

ROBERT SCHMIDT. Que pouvez-vous dire de la situation d'Interpol il y a cent ans, en matière de coopération policière internationale ?

JÜRGEN STOCK. Je continue à lire beaucoup de livres.

MATHIEU MARTINIÈRE. À propos de l'Histoire ?

JÜRGEN STOCK. À propos de l'Histoire. Des choses d'un historien allemand, qui a écrit son habilitation.

ROBERT SCHMIDT. Vous voulez dire Jens Jäger ?

JÜRGEN STOCK. Jäger, oui, c'est assez intéressant. En 1914, des gens se sont réunis à Monaco à l'invitation du prince. Le premier congrès a eu lieu à l'époque des bateaux à vapeur et des lignes de chemin de fer qui traversaient l'Europe, et il était nécessaire d'organiser une coopération transfrontalière. Ensuite, il y a eu la Première Guerre mondiale, puis Vienne. Ils sont revenus sur l'idée qui a donné naissance à Interpol et qui est toujours la même dans notre monde d'aujourd'hui.

ROBERT SCHMIDT. Vous dites que vous lisez la thèse de M. Jäger sur l'histoire de la police. Sur votre site web, c'est un peu court. Il y a quelques dates clés. Nous aimerions avoir un commentaire sur ce que vous écrivez, à savoir qu'en 1938, « Interpol a effectivement cessé d'exister en tant qu'organisation internationale ». C'est sur votre site web. Pourriez-vous nous l'expliquer ?

JÜRGEN STOCK. Nous avons invité nos pays membres à consulter leurs archives, comme le font actuellement l'Autriche, l'Allemagne et la France. Nous avons reçu quelques documents supplémentaires. Au cours des prochaines semaines et des prochains mois, nous allons poursuivre et enrichir ce travail afin de fournir davantage d'informations.

ROBERT SCHMIDT. Mais d'après ce que vous savez, est-il correct de dire qu'Interpol « a cessé d'exister en tant qu'organisation internationale » ?

JÜRGEN STOCK. Vous voulez dire, cette phrase ?

ROBERT SCHMIDT. Oui. Est-ce que c'est correct ?

JÜRGEN STOCK. Je ne peux pas vous répondre, je n'ai pas étudié la question en détail. Je me souviens qu'il y avait aussi un article du *Spiegel* il n'y a pas si longtemps.

ROBERT SCHMIDT. De Jäger.

MATHIEU MARTINIÈRE. L'historien que vous avez cité.

JÜRGEN STOCK. L'article du *Spiegel* qui dit qu'Heydrich a détourné Interpol ?

MATHIEU MARTINIÈRE. Oui.

ROBERT SCHMIDT. Heydrich n'est d'ailleurs pas sur votre site web. Aucun président d'Interpol sous le *Reich* ne figure sur votre site.

JÜRGEN STOCK. Je pense que ce que nous disons, « cesser d'exister », je pourrais peut-être être d'accord avec ça…

ROBERT SCHMIDT. Comme une organisation internationale.

JÜRGEN STOCK. Elle a été réactivée, le siège a été déplacé à Berlin, n'est-ce pas ? Et le travail s'est peut-être presque complètement arrêté, n'est-ce pas ? Nous aurions apprécié de faire une petite étude à ce sujet, il y avait quelques idées mais malheureusement nous n'avons pas reçu de financement.

MATHIEU MARTINIÈRE. En fait, nous avons interrogé deux chercheurs, Jens Jäger d'Allemagne et Mathieu Deflem des États-Unis, qui sont peut-être deux des chercheurs parmi les plus importants sur la coopération policière. Jens Jäger, je le cite, dit à propos de votre site web qu'il s'agit de "blanchiment".

ROBERT SCHMIDT. Et il dit que vous avez omis des faits facilement accessibles sur Wikipédia, comme les noms des présidents d'Interpol.

JÜRGEN STOCK. Je regarderai ça. Je ne peux pas vous donner une réponse maintenant.

MATHIEU MARTINIÈRE. Car ce que l'on sait, c'est que pendant la guerre, l'organisation continua d'exister et qu'il y avait des correspondances entre les pays. Même aux États-Unis, Hoover continuait de parler à…

JÜRGEN STOCK. Encore une fois, j'ai pris contact avec l'Autriche, la France et l'Allemagne pour les encourager à consulter les archives. J'espère que nous obtiendrons des documents supplémentaires.

MATHIEU MARTINIÈRE. Mais c'est vraiment important.

JÜRGEN STOCK. Est-ce important ? Oui. D'un point de vue historique, c'est important, oui définitivement. Nous recevons notre argent pour soutenir le travail de la police d'aujourd'hui. C'est le plus important. Mais, de mon point de vue, il est également important de savoir d'où vient l'organisation. Encore une fois, nous n'avons pas fait de recherches complètes et je ne suis pas historien.

MATHIEU MARTINIÈRE. Comme Robert l'a dit, il y a un gros trou entre 1938 et 1945 sur les noms des présidents d'Interpol.

JÜRGEN STOCK. Nous verrons ce que nous pourrons conclure.

MATHIEU MARTINIÈRE. Parce que nous parlons d'Heydrich…

JÜRGEN STOCK. Je ne peux pas…

MATHIEU MARTINIÈRE. Nebe…

JÜRGEN STOCK. Je ne peux pas…

MATHIEU MARTINIÈRE. Kaltenbrunner.

JÜRGEN STOCK. Je ne peux pas faire ça seul. Nous avons besoin de l'Autriche, de l'Allemagne, de la France, de ceux qui ont peut-être des documents originaux, nous avons cherché dans nos archives, et nous pouvons espérer qu'au cours des semaines et des mois à venir, nous aurons plus d'informations.

À la suite de cet entretien, Interpol allait modifier son site Internet. Depuis mai 2023, les noms et les visages des présidents nazis d'Interpol entre 1938 et 1945 apparaissent. La phrase « cesser d'exister en tant qu'organisation internationale » a disparu, dans les quatre langues. Les chercheurs Jens Jäger et Mathieu Deflem sont cités comme sources historiques. Après soixante-dix-huit ans de déni, Interpol regarde enfin son histoire en face.

Il nous faut revenir à des questions plus actuelles, brûlantes. Le place des Émirats dans l'organisation et la nomination de Naser al-Raisi à la présidence d'Interpol.

MATHIEU MARTINIÈRE. Comme vous le savez, nous étions à Dubaï pour le sommet mondial de la police. Nous avons vu l'évolution des Émirats arabes unis dans cette organisation, avec cette donation de 50 millions d'euros à travers la fondation. Nous avons vu que les Émirats se sont développés au sein de l'institution.

JÜRGEN STOCK. Qu'entendez-vous par « développé » ?

MATHIEU MARTINIÈRE. Je veux dire plus d'événements policiers.

JÜRGEN STOCK. C'est positif. Nous avons des événements en Asie. Il y a un gros sommet de la police chaque année en Corée du Sud, auquel j'essaye d'assister. Il y a maintenant le sommet de la police de Dubaï, auquel j'ai assisté pour la première fois. Ces événements sont importants.

MATHIEU MARTINIÈRE. Je pense que vous avez été trois fois aux Émirats arabes unis depuis le début de l'année.

ROBERT SCHMIDT. Pour des congrès policiers.

JÜRGEN STOCK. C'est une bonne chose que nos pays soient actifs. Je vois ce que vous voulez dire. L'influence indue, n'est-ce pas ? C'est le sujet, c'est ça ? L'éléphant dans la pièce !

MATHIEU MARTINIÈRE. Il y a un rapport sur le sujet d'un juge britannique.

JÜRGEN STOCK. Oui, mais écoutez ce que nous disons. Je ne sais pas si c'est si difficile à accepter ou à comprendre. Je ne parle pas de vous, je parle de ceux qui ne nous contactent pas. Donc, les 50 millions. Les Émirats arabes unis sont engagés, c'est exactement ce dont j'ai besoin. Le secrétaire général de l'organisation a besoin de pays actifs.

Nous sommes très heureux de bénéficier d'une augmentation historique de notre budget. Pour moi, cela signifie beaucoup, car les services de police des pays membres ne sont généralement pas riches. 67 % de nos pays membres payent 30 000 euros par an. Ce n'est rien. Pour eux, une augmentation de 22 millions d'euros de notre budget représente beaucoup. Les ministres réduisent leur budget. Même en Allemagne, le ministre peut dire au BKA : « Vous pouvez donner plus d'argent à Interpol, mais vous ne recevrez pas de compensation de la part du ministère. Vous devez donc établir des priorités ». J'ai besoin de pays qui payent leurs cotisations et j'ai besoin de pays qui fournissent des contributions volontaires, car, comme toute organisation internationale, nous ne sommes pas riches.

MATHIEU MARTINIÈRE. Peut-on dire « sous-financés » ?

JÜRGEN STOCK. Sous-financés, comme la plupart des organisations internationales. Si vous parlez au secrétaire général ou au directeur exécutif du Programme alimentaire mondial ou de l'OMS, vous verrez qu'ils ont tous le même modèle de financement. Ils ont la part statutaire qui, pour une organisation comme l'Office des Nations unies contre la drogue et le crime, est encore plus basse que nous. Il y a ensuite ce que l'on appelle la partie volontaire. Les pays membres ont fourni des fonds supplémentaires parce qu'ils s'intéressaient à un sujet particulier. Mais ce qui est important, ce que j'ai définitivement changé, c'est que l'organe décisionnel principal d'Interpol est l'assemblée générale, qui décide des priorités.

MATHIEU MARTINIÈRE. Mais 50 millions sont une somme énorme.

JÜRGEN STOCK. Cela s'est peut-être produit dans le passé. Nous avions le Dolder Group, la Fifa…

MATHIEU MARTINIÈRE. Nous le savons bien.

JÜRGEN STOCK. Vous le savez bien ! Il faut espérer que l'on reconnaisse que ce passé est révolu. Les 50 millions, croyez-le ou non, ils ont été transmis au secrétariat général d'Interpol et ils nous ont dit de décider, sur la base des priorités dictées par l'assemblée générale, de la répartition de l'argent. Et c'est ce que nous avons fait.

ROBERT SCHMIDT. Nous avons entendu parler d'un nouveau partenariat avec les Émirats arabes unis. Quel est votre plan à ce sujet ?

JÜRGEN STOCK. Cela touche à sa fin. Cela a duré un peu plus longtemps à cause du Covid, parce que nous ne pouvions pas dépenser, parce que nous ne voyagions pas. Cette année, en septembre, cela touche à sa fin.

ROBERT SCHMIDT. Ce ne sera donc pas renouvelé ? Nous avons entendu parler de projets, de discussions.

JÜRGEN STOCK. Non. Cette coopération a été un gros succès. Bien sûr, je serais stupide si je disais « merci beaucoup, c'est la fin pour toujours ». Une grande partie de mon travail consiste à courir de partout et à collecter des fonds. Au G7, j'ai répété à plusieurs reprises : « Les gars, j'ai besoin de votre argent pour tout le personnel et la *task force*, pour renforcer cette équipe ».

MATHIEU MARTINIÈRE. Ils ne veulent pas donner plus ?

JÜRGEN STOCK. Je ne peux pas me plaindre. Le personnel de la *task force* dit d'ailleurs : « C'est bon, nous pouvons faire face à la charge de travail ». Mais vous comprenez ce que je veux dire ? C'est évidemment difficile à expliquer. Tout le monde se demande comment cela a pu se produire. Et puis, nous avons un président des Émirats arabes unis et un sommet mondial de la police. Mais quel est le problème ? Un pays est engagé.

ROBERT SCHMIDT. Le problème est que le président a été accusé d'être impliqué…

JÜRGEN STOCK. Oui, il est accusé, OK. Nous sommes au courant.

ROBERT SCHMIDT. Il y a une enquête…

JÜRGEN STOCK. Il a été élu président d'Interpol à la majorité des deux tiers contre la candidate européenne. Je n'élis pas, je n'ai aucun rôle là-dedans. Il n'est pas mon président, je travaille avec lui.

ROBERT SCHMIDT. Il y a des procédures judiciaires en Grande-Bretagne et en France.

JÜRGEN STOCK. C'est aussi un sujet que l'on doit discuter au niveau national. Il y a la présomption d'innocence, voyons ce qu'il en sera. Je ne sais pas. Il a été élu président d'Interpol par l'assemblée générale contre un candidat européen, ce n'est pas mon président. Vous connaissez le rôle du président, qui est aussi complètement confus parfois. « Oh ! il publie des notices rouges », voilà ce que j'entends. Regardez la constitution. Le président est le président du comité exécutif. Le comité exécutif est mon organe de supervision, il ne travaille pas au jour le jour dans l'organisation.

ROBERT SCHMIDT. La situation est assez compliquée. Le BKA a même fait un communiqué de presse, où il dit qu'il a des doutes sur lui, comme pour dire : « Nous ne voulons pas qu'il soit élu ». Je ne sais pas si vous avez vu ce communiqué.

JÜRGEN STOCK. Je ne suis pas un porte-parole du BKA. Il a été élu à la majorité des deux tiers.

ROBERT SCHMIDT. Ne voyez-vous pas le risque qu'au lieu de parler d'Interpol et de ses missions, les gens parlent des prisons noires à Dubaï ou de l'affaire Khashoggi, lorsque vous prenez leur argent ?

La question de Robert est presque prophétique. Trois mois après cet interview, en juillet 2023, Interpol communiquera sur un don spécial de l'Arabie Saoudite d'1 million d'euros. L'argent du royaume de Riyad, soupçonné d'avoir assassiné sauvagement le journaliste Jamal Khashoggi en 2018, servira à renforcer le programme I-Core d'Interpol sur les aspects de la biométrie et de la messagerie intelligente, avec l'aide de l'intelligence artificielle. Un programme d'amélioration des bases de données de l'organisation policière, financé également par l'Allemagne et les Pays-Bas.

Mais revenons à l'entretien, et laissons M. Stock répondre à la question.

JÜRGEN STOCK. (*Il soupire.*) Même chez moi, je ne sais pas, parfois l'Allemagne apparaît aussi dans les rapports d'Amnesty International.

MATHIEU MARTINIÈRE. Mais nous ne pouvons pas comparer.

JÜRGEN STOCK. Non, vous ne pouvez pas comparer. Et si je commençais, je ferais une sorte de jugement, nous serions perdus. Mon mandat consiste à assurer la coopération mutuelle la plus large possible. Chaque pays doit appliquer les règles. Chaque pays doit respecter nos priorités. Aucun pays ne peut venir et dire : «Monsieur Stock, nous voulons que le vol à l'étalage fasse partie de nos priorités ». Non, oubliez cela. Aucun pays ne peut dire : « Monsieur Stock, nous vous donnons de l'argent, mais nous voulons que le prochain directeur exécutif soit originaire de mon pays ». Oubliez cela. Nous sommes une organisation mondiale, pas un organisme régional. L'ONU est mondiale, l'Agence internationale de l'énergie atomique est mondiale, l'OMS est mondiale.

Il faut être juste. Interpol n'est pas la seule organisation internationale à recevoir des dons importants de pays autoritaires, en particulier ceux du Moyen-Orient. Entre 2009 et 2022 par exemple, le bureau des Nations unies pour la lutte contre le terrorisme (UNOCT) a reçu 138 millions de dollars du Qatar et 110 millions de dollars de l'Arabie Saoudite. « Pourquoi est-ce qu'on reproche à Interpol ce qu'on ne reproche pas à d'autres organisations multilatérales beaucoup plus politiques, plus influentes, plus puissantes qu'Interpol ? » questionne un cadre du BCN français, en défense de l'organisation policière.

MATHIEU MARTINIÈRE. Mais nous parlons d'affaires policières.

JÜRGEN STOCK. Oui, et c'est pourquoi nous prenons cette conformité très au sérieux.

MATHIEU MARTINIÈRE. Avec des États démocratiques et autoritaires, vous devez vous occuper de questions de police.

JÜRGEN STOCK. Absolument. Mais pas de ce que les pays font en dehors d'Interpol. Je ne dois m'occuper que de ce que les pays font dans Interpol. C'est mon territoire ici. C'est là que je suis très strict et les pays membres le savent. Ils connaissent mon style. Et bien sûr, nous avons aussi la conformité. Ce qui est à l'extérieur, c'est la ligne rouge que je ne franchis pas.

ROBERT SCHMIDT. Vous parlez de conformité. Vous avez beaucoup de problèmes relatifs à la Fondation Interpol et cette année, vous devez réévaluer la coopération.

JÜRGEN STOCK. Oui. La fondation nous a transmis 50 millions, l'argent est arrivé des Émirats arabes unis. Nous n'avons rien reçu du secteur privé. J'ai commencé avec un déficit de cinq millions en 2014. N'oubliez pas ça. J'ai arrêté la Fifa et rendu le reste de l'argent. J'ai arrêté le Dolder Group[1] et Philip Morris. Nous partons donc d'un budget à croissance zéro. Et nous avons fait nos devoirs. Nous avons procédé à un audit externe. Il y a un accord avec la fondation, nous n'acceptons plus d'argent du secteur privé. La coopération avec le secteur privé, oui, comme nous le faisons avec la cybercriminalité. Mais simplement recevoir de l'argent, non. Maintenant, c'est moins de 1 %.

MATHIEU MARTINIÈRE. Qu'en est-il de l'avenir de la fondation ?

JÜRGEN STOCK. Il y a eu des histoires qui n'ont pas particulièrement aidé…

MATHIEU MARTINIÈRE. Comme Carlos Ghosn.

JÜRGEN STOCK. Oui, mais d'un autre côté, de nombreux membres du conseil d'administration nous ont aidés en nous fournissant d'autres types de conseils. Nous avons besoin de contacts avec le secteur privé, le secteur bancaire. Sur la criminalité financière, ils nous aident. D'une manière non monétaire. Nous voulons discuter de la réévaluation dans les semaines ou les mois à venir, mais ce principe ne changera pas. Le chapitre est terminé, n'est-ce pas ? Cette histoire est revenue sur le tapis à la conférence sur la sécurité de Munich. Un ministre m'a dit : « Ah, Interpol, bien sûr, n'est-ce pas cette organisation qui a traité avec la Fifa ? » J'ai dit : « Oui, mais allez, c'était il y a huit ans, c'est du passé ».

1. Si le premier partenariat de 4,5 millions d'euros a en effet été arrêté, le Dolder Group versait encore un don de 110 000 euros à Interpol en 2022, destiné à un « programme mondial de santé et de sécurité ».

J'espère donc que votre livre contribuera à remettre les pendules à l'heure. C'est le passé.

Interpol a finalement sonné le glas de sa fondation suisse quelques semaines plus tard. Le 31 mai 2023, lors d'une réunion des membres du conseil de la fondation, Jürgen Stock et Elias Murr ont décidé de ne pas prolonger l'accord de coopération. Fin juin, le comité exécutif d'Interpol a entériné la décision, et a placé le sujet à l'ordre du jour de l'assemblée générale, qui doit se tenir fin novembre 2023 à Vienne. « Le soutien sans précédent des Émirats arabes unis et de la fondation est arrivé à un moment opportun pour Interpol, permettant à de nombreuses activités essentielles de se poursuivre sans interruption », estime Jürgen Stock dans un mail envoyé à notre attention, sans donner de véritable cause de cette rupture.

MATHIEU MARTINIÈRE. Une petite question au sujet de Tim Morris, votre ancien directeur exécutif. Il est devenu conseiller au ministre de l'Intérieur à Abou Dhabi. Comment avez-vous réagi quand vous avez appris ça ?

JÜRGEN STOCK. Je ne commente pas ce qu'a fait l'ancien directeur exécutif. C'est sa décision privée.

MATHIEU MARTINIÈRE. Parce que nous avons entendu qu'il avait conseillé M. Al-Raisi ? Comment avez-vous réagi ?

JÜRGEN STOCK. J'ai pris note.

MATHIEU MARTINIÈRE. Et vous avez des règles à ce sujet ? Lorsque d'anciens directeurs rejoignent le secteur public ou le secteur privé ?

ROBERT SCHMIDT. Nous n'avons pas trouvé dans les documents.

JÜRGEN STOCK. Je pense que nous avons quelque chose dans le domaine juridique. Nous pouvons vérifier pour vous. C'est une bonne question parce que je dois traiter la même question l'année prochaine. Merci pour ce rappel (*il sourit*).

ROBERT SCHMIDT. Vous avez l'intention d'aller à la Fifa ?

JÜRGEN STOCK. Je n'ai pas de plan, quelques idées, mais pas encore de plan (*il rit franchement*).

Plus tard, Mme B. nous précisera par mail que « les anciens fonctionnaires, qu'ils soient détachés ou sous contrat, sont libres d'exercer une activité privée à condition de respecter les obligations qui continuent de leur incomber, notamment en ce qui concerne la confidentialité des données ». Pas de règles spécifiques pour encadrer les pantouflages ou les missions de conseil au service d'un État, donc, en dehors du devoir de confidentialité.

L'entretien touche à sa fin. Mme B. regarde sa montre, le temps prévu au départ est largement dépassé. Mais Jürgen Stock n'est pas fatigué. Nous lui confions quel était, pour nous, le fil rouge de cette enquête.

MATHIEU MARTINIÈRE. Comme vous le savez, depuis le début de notre enquête, nous avons suivi l'argent. Les ressources. Il y a quelques années, nous avions interviewé plusieurs fois Raymond Kendall, et il disait à son époque que le budget d'Interpol était le même que celui de l'opéra de Lyon. J'ai le sentiment que depuis trente ans, ce problème de ressources est le vrai sujet à Interpol.

JÜRGEN STOCK. C'est un grand sujet, oui. Mais les ressources sont un sujet important dans toutes les organisations de police. Vous ne trouverez peut-être pas d'organisation de police dont le chef pourrait dire : « Je suis satisfait des ressources dont je dispose ».

ROBERT SCHMIDT. Le FBI[1] ?

JÜRGEN STOCK. Je ne sais pas. Je ne peux pas parler pour le FBI. Mais même en Allemagne, à la lumière de la situation économique. Depuis que je l'ai quitté, le BKA est passé de 6000 à 8000 officiers. Interpol est passée de 800 à 1100 employés. Europol s'est considérablement développée. Ils ont un avantage, ils ont un maître politique, un commissaire, et nous avons vu l'évolution depuis qu'Europol est devenue une agence de l'Union européenne[2]. Je n'ai pas de ministre, j'ai 195 pays membres. Le sentiment d'appartenance est donc différent.

Composée des 27 pays membres de l'Union européenne, l'organisation basée à La Haye dispose de 1 400 salariés et d'une force de frappe bien plus importante qu'Interpol. « Avec Europol, on est dans un club de gentlemen », nous explique Jimmy, notre ancien agent d'Interpol. « C'est le même système politique, juridique. Le problème de la coopération ne se pose pas. Il est évacué avant même de rentrer dans le club. Interpol n'est pas un club. Interpol, c'est un bar dans lequel tout le monde peut rentrer », lâche-t-il.

Un cadre du BCN France y va aussi de sa métaphore. « J'aime beaucoup comparer la coopération policière avec le système bancaire. Les deux reposent sur la confiance. Vous ne donnez pas vos informations à Europol ou à Interpol si vous n'avez pas confiance. Pareil, une banque ne vous prête pas d'argent ou vous ne mettez pas de fonds dans une banque si vous n'avez pas confiance », explique-t-il. « Comme il y a différentes instances qui répondent à différents besoins dans le monde de la finance, vous avez différentes instances policières. On va dire qu'Interpol est un

1. Le FBI disposait d'un budget de 9,4 milliards d'euros en 2022, contre 155 millions d'euros pour Interpol.

2. Europol est devenue une agence officielle de l'UE le 1er janvier 2010.

peu la banque généraliste, une banque mondiale d'informations. On y cherche des services un peu standardisés. Alors qu'Europol, c'est une banque régionale qui offre des services à des gens qui se ressemblent plus. On a un niveau de confiance entre États membres qui est supérieur, qui est plus naturel. On va avoir une coopération qui est plus renforcée, plus riche, plus profonde. On échange nos données de manière plus fluide via Europol qu'on le ferait via Interpol », assume ce cadre de la division des relations internationales de la PJ française.

À l'heure où les organisations internationales luttent pour trouver des financements, Europol est un concurrent coriace pour Interpol.

JÜRGEN STOCK. En fin de compte, nous nous battons comme n'importe quelle organisation internationale. L'Organisation mondiale de la santé s'occupe de la crise du covid. Je pense qu'elle a également reçu un grand nombre de contributions volontaires.

D'autre part, ce que nous voyons dans notre travail quotidien, c'est le développement de la criminalité. Les groupes criminels organisés deviennent de plus en plus forts. Avec le potentiel de saper réellement l'État de droit, pas seulement dans les pays où l'on pourrait penser qu'il y a un problème de criminalité organisée. Non, en Europe. Regardez ce qui se passe aux Pays-Bas, en Belgique, la violence dans les rues, la tentative d'enlèvement du ministre. J'entends beaucoup de chefs de police dire « Jürgen, tu dois m'aider à sensibiliser les gens ».

En ce qui concerne le crime organisé, qui devient plus fort, plus puissant, la corruption est un sujet important, y compris en Europe. Ces organisations investissent massivement dans l'économie légitime, ce qui peut nuire à la stabilité, y compris dans ce que l'on appelle le monde occidental. Ils se renforcent donc, et je suis profondément convaincu que la seule façon de les attaquer efficacement est d'utiliser des plates-formes multilatérales. Comme pour la 'Ndrangheta, où nous avons découvert sa véritable dimension.

ROBERT SCHMIDT. Vous pouvez arrêter quelqu'un qui a fait l'objet de recherches pendant une quinzaine d'années.

JÜRGEN STOCK. Pas moi, c'est ce que je regrette parfois, je ne suis plus en mesure d'arrêter, mais oui, nous avons eu plus de 40 arrestations. Pas à cause d'Interpol, mais beaucoup d'entre elles grâce aux informations partagées sur la plate-forme sûre. Vous voyez que vous pouvez faire la différence. Je pense que nous avons eu six cas à la suite, où des personnes qui étaient depuis seize à vingt-cinq ans sur les routes ont été arrêtées.

On peut essayer de lutter contre une pandémie à l'échelle nationale. Mais un virus ne respecte pas les frontières. Les criminels aussi. Le parallèle est intéressant pour moi. Il faut voir comment l'OMS gère une telle crise, quel est le soutien politique dont elle bénéficie. Et Interpol, c'est la même chose. Nous sommes toutes les deux des organisations techniques. L'une s'occupe de maladies, et nous nous occupons d'une autre maladie, la criminalité, qui ne disparaît jamais.

Nous sommes tous sur cette planète. Nous devons travailler ensemble pour sauver le climat, régler la question des migrations, de l'approvisionnement en eau, de la sécurité alimentaire et, oui, de la criminalité. C'est l'un des défis mondiaux auxquels le monde est confronté. Un pays peut-il s'y attaquer seul ? Non. Avons-nous besoin de coopérer ? Non. Mais après, la criminalité deviendra un problème de plus en plus important, c'est certain. C'est pourquoi Interpol est plus importante que jamais. Si l'on me pose cette question légitime : « Regardez, il y a un pays qui a un mauvais bilan en matière de droits de l'homme. Comment pouvez-vous faire affaire avec ce pays ? ». Politiquement, vous pouvez décider de tout. Mon mandat consiste à jeter des ponts entre les pays. Si des pays décident de ne pas collaborer avec d'autres pays, ils peuvent le faire. Mon mandat n'est pas d'expulser des pays, mais de veiller à ce que tous les pays qui utilisent Interpol respectent nos règles. Chaque cas de notice rouge qui n'est pas légitime et qui passe à travers les mailles du filet fait mal. Nous prenons cela très au sérieux.

Nous éteignons notre micro. Le secrétaire général nous demande si nous avons encore des questions. Nous en profitons pour aborder le risque de blanchiment d'image d'un État quand celui-ci réalise une contribution financière importante à Interpol. Jürgen Stock est très clair : « Si un pays veut se faire connaître, ce n'est pas un problème ». Et il finit par cette phrase : « Cette discussion était nécessaire ».

Il nous faut concéder à Jürgen Stock certaines qualités. Il est droit et cohérent. Depuis dix ans, il travaille sur la gouvernance, l'éthique et l'intégrité d'Interpol, avec succès. Il a mis fin aux partenariats privés controversés mis en place par Ronald Noble. Il a identifié des failles béantes dans le système de contrôle des notices rouges et des diffusions. Il a créé une *task force*, qu'il a renforcée. Et, à l'image d'I-Can, il a contribué à développer des projets pertinents et efficaces en matière de coopération policière internationale. Son bilan est, disons-le, flatteur.

Néanmoins, nous ressortons de cette interview avec autant de réponses que de questions. Nous avons eu droit à de la transparence et de la consistance. Mais nous avons aussi perçu une certaine dose de pragmatisme, pour ne pas dire du cynisme. En tant que secrétaire général d'Interpol, Jürgen Stock se définit lui-même comme « un officier de police et un diplomate ». Il doit jongler entre une variété de pays, de systèmes juridiques et de bilans différents en matière de droits de l'homme. Des démocraties, des régimes autoritaires et des États criminels, qu'il ne faut pas fâcher inutilement. « Je fais confiance à tous les pays », assume-t-il.

Le système des notices rouges a été largement amélioré. Il faut l'admettre. Mais ce n'est vraiment pas satisfaisant. Et nous ne sommes pas sûrs que Jürgen Stock, du haut de sa forteresse de verre, en ait pleinement conscience. La « conformité » d'Interpol présente encore des failles. Au bas mot, plusieurs centaines de citoyens dans le monde continuent chaque année à être victimes des notices rouges ou des diffusions d'Interpol.

Toumso Abdourakhmanov. Dolkun Isa. Alexey Shkittin. Ahmed Jaafar Mohamed Ali. Yidiresi Aishan. Robert Urwin. Doğan Akhanlı. Selahaddin Gülen. Hakeem al-Araibi. Makary Malachowski. Yoann Barbereau. Tous ces individus, que le patron d'Interpol refuse de nommer, ont continué à être injustement fichés après la création de la *task force*. Et ce ne sont que les cas cités dans ce livre. Nous ne parlons pas ici de données. Nous parlons d'êtres humains, avec des familles, sur lesquels les notices ont eu des conséquences pendant des années. Et continuent à en avoir. Certains d'entre eux sont aujourd'hui en prison, au sein d'États autoritaires parmi les plus répressifs au monde.

Il y a comme un sentiment d'impasse ou d'impuissance avec Interpol. Même quand elle semble aller dans la bonne direction, l'organisation policière a l'air condamnée à dysfonctionner. Interpol n'est plus ce petit club de policiers de Vienne « dénué de toutes visées politiques », comme le clamait il y a un siècle son premier président. C'est une organisation internationale, composée de 195 pays en majorité non démocratiques, devant traiter de concert des affaires policières et criminelles.

L'ensemble des États, que ce soient les pays occidentaux ou européens, qui accordent une plus grande confiance à Europol et à leur propre police, ou des pays plus pauvres, souvent démunis de personnel, de techniques et de formation face à la criminalité organisée, doit réellement prendre conscience de l'importance de cette organisation et de son impact. Interpol, la seule agence de coopération policière internationale, peut jouer un rôle décisif contre le terrorisme, les mafias et les trafics en tous genres, au moment où la criminalité se globalise comme jamais. Mais, pour qu'elle fonctionne pleinement, sans dommages collatéraux, les États doivent lui donner davantage de moyens pour renforcer ses garde-fous et son indépendance. L'organisation sera condamnée à être faible tant qu'elle sera sous-financée.

C'est l'enseignement majeur de notre enquête. Tout nous ramène à l'argent. Tant que l'ensemble des États n'augmenteront pas sensiblement leur contribution, Interpol continuera à être instrumentalisée. Hier, par le secteur privé. Aujourd'hui, par des États autoritaires, cherchant à blanchir leur image à l'international ou à traquer des opposants à l'étranger. Et demain ?

Remerciements

S'attaquer aux remerciements pour une enquête de dix ans est un exercice périlleux. Plusieurs centaines de personnes nous ont parlés, aidés ou accompagnés dans nos recherches pour ce livre. Pour les protéger, nous ne pourrons pas toutes les citer ici. Policiers fâchés ou idéalistes, militants zélés, avocats passionnés voire intéressés, hauts fonctionnaires ou simples stagiaires, fixeurs de terrains difficiles, trafiquants, victimes et témoins ; toutes ces sources, souvent anonymes, sont les rouages d'une enquête. Elles nous permettent d'affirmer ou d'infirmer, d'assembler les pièces du puzzle. C'est à elles, à toutes celles que nous ne citons pas dans ces pages, que nous pensons d'abord en écrivant ces lignes. Sans la confiance de nos sources, il n'y a pas d'enquête.

Nous tenons bien sûr à remercier la trentaine d'agents d'Interpol, actuels ou anciens, directeurs ou simples employés, qui nous ont permis d'affiner notre connaissance de l'organisation mondiale de police. De Raymond Kendall à Stanley Morris, figures historiques d'Interpol, qui ont encouragé cette enquête, à « Fabio » et « Jimmy », qui ont partagé avec nous leurs doutes et leurs espoirs pendant plusieurs années, jusqu'au secrétaire général Jürgen Stock et à la porte-parole, Mme B., qui ont fini par nous recevoir longuement au siège de l'organisation internationale, à Lyon.

Il nous faut aussi saluer nos collègues, sans qui cette enquête n'aurait pu voir le jour en l'état. Nous pensons d'abord à Raphaël Ruffier-Fossoul et à Mathieu Thai, du journal *Lyon Capitale*, et à Yassin Musharbash et Martin Kotynek, de l'hebdomadaire allemand *Die Zeit*, qui nous ont fait confiance à nos débuts ; à François Bonnet, Mathilde Mathieu, Fabrice Arfi, Michaël Hajdenberg, Matthieu Suc, Antton Rouget et François Bougon, journalistes à *Mediapart*, qui nous ont soutenu ou aidé tout au long de cette enquête ; à Fabio Lo Verso (ex-*La Cité*), Olivier Bot (*La Tribune de Genève*), Nicolas Barriquand (Mediacités) et Johan Hufnagel (ex-*Slate*), qui ont accueilli nos articles dans les colonnes de leurs médias ; au producteur Jérôme Duc-Maugé, aux réalisateurs Mathieu Verboud et Samuel Lajus, compagnons d'un documentaire long et difficile, mais nécessaire ; aux photographes Pierre-Antoine-Pluquet et Alexander Roth-Grisard, l'un pour avoir mis en images notre première enquête, l'autre pour en avoir subi les conséquences ; aux journalistes Sascha Buchbinder, Andrew Jennings (décédé en 2022) et Thomas Kistner pour nous avoir livré les résultats de leurs solides enquêtes.

Nous devons associer à cette longue liste l'auteur Ayerdhal, malheureusement disparu il y a quelques années, qui nous avait confié les coulisses de ses excellents polars autour d'Interpol.

Cette enquête doit beaucoup au travail inlassable de lanceurs d'alerte, de militants, de dissidents politiques, de documentalistes et de chercheurs. Notamment à Jens Jäger (université de Cologne) et Mathieu Deflem (université de Caroline du Sud), experts pointus sur l'histoire de la coopération policière internationale, sources éminemment importantes pour ne pas oublier ; à Peter Kühne, de la Bibliothèque nationale allemande à Leipzig, pour son soutien dans nos recherches, notamment celles sur le passé nazi de l'organisation ; « Dave », douanier indigné, la députée allemande Ingeborg Grässle, les chercheurs Anna Gilmore (université de Bath) et Luk Joossens (Fondation contre le cancer), pour nous avoir aidé à mettre en lumière les pratiques fumeuses des industriels du tabac sur la contrebande ; Patrick Durisch et German Velasquez, militants du droit universel à se soigner ; Matthew Hedges, Mohammed Saqr Al-Zaabi et Khalid Ibrahim, pour leurs alertes sur la situation des droits de l'Homme aux Émirats arabes unis ; Peter Dahlin, bête noire de Pékin ; Dolkun Isa, Alexei

Shkittin et Nicolai Kobliakov, victimes de notices ou de diffusions rouges d'Interpol, pour nous avoir confié leurs histoires ; Bruno Min, Radha Stirling, Jasvinder Nakhwal, Elisabeth Baier et tous les autres défenseurs de victimes de notices d'Interpol, pour leur vigilance ; Alexander Azarov, Pavel Latouchka et Ales Michalevic, opposants de la dictature biélorusse, et les chercheurs spécialistes du pays, Yauheni Kryzhanouski et Ioulia Shukan.

Un livre est un travail collectif, de longue haleine. Celui-ci n'aurait pas été le même sans l'édition précieuse et précise de Pauline Bonnefoi, et de toute l'équipe d'HarperCollins France qui nous a accompagnés avec talent et professionnalisme.

Enfin, merci à nos deux familles. À Ainhoa et Maud pour avoir supporté nos absences ; au collectif We Report, qui alimente cette petite flamme du journalisme, nous donnant la force de continuer.

Les sources

Pour réaliser cette longue enquête, nous nous sommes appuyés sur de multiples sources, très diverses. Nous avons d'abord interrogé plus de deux cents personnes, dont une trentaine d'agents d'Interpol, actuels ou anciens. Certains sont cités nommément dans ce livre, les autres ont été anonymisés, à leur demande et pour les protéger des risques qu'ils encourent pour leur emploi et leur propre sécurité.

Comme pour toute enquête, nous ne nous contentons pas de témoignages. Avec les années, nous avons amassé des centaines de documents matériels, rapports judiciaires, lettres confidentielles, enregistrements, dossiers internes à Interpol ou documents en « sources ouvertes ». La liste ne pourrait être exhaustive, mais nous avons tenté de répertorier ci-dessous les sources utilisées pour ce livre, en français, anglais, allemand et même en italien, russe, chinois ou arabe.

Documents non-publics

Dossier d'enquête des douanes allemandes sur le « Montenegro Connection », mars 2005 (en allemand).

Mail de Chris Eaton à Jérôme Valcke, 13 mars 2011 (en anglais).

Discours de Ronald Noble au Dolder Group, Madrid, 10 novembre 2011 (en anglais).

Lettre de Ronald Noble aux membres du Dolder Group, 9 mai 2012 (en anglais).

Lettre des neuf directeurs de polices européennes à Ronald Noble, 11 juin 2012 (en anglais).

Document de travail du partenariat entre Interpol et l'industrie pharmaceutique, juillet 2012 (en anglais).

Termes et conditions du partenariat entre Interpol et l'industrie pharmaceutique, 23 novembre 2012 (en anglais).

Compte-rendu de réunion du comité technique du projet entre Interpol et l'industrie pharmaceutique, siège de Sanofi, Paris, 29 mai 2013 (en anglais).

Tribunal de Lecce (Italie), document d'instruction sur le trafic de cigarettes entre l'Italie et les Balkans, septembre 2013 (en italien).

Lettre de la CCF concernant la notice rouge de Nicolai Kobliakov, 8 juillet 2015 (en anglais).

Lettre de la CCF concernant la notice rouge de Toumso Abdourakhmanov, 16 août 2017 (en anglais).

Certificat du bureau des affaires juridiques d'Interpol concernant la notice rouge de Toumso Abdourakhmanov, 16 août 2017 (en anglais).

Décision de la CCF concernant la notice rouge de Dolkun Isa, 31 janvier 2018 (en anglais).

Certificat du bureau des affaires juridiques d'Interpol concernant la notice rouge de Dolkun Isa, 20 février 2018 (en anglais).

Rapport du service informatique de la chaîne suisse SRF sur le piratage de Sascha Buchbinder, octobre 2019 (en allemand).

Décision de la CCF concernant la notice rouge de Toumso Abdourakhmanov, 22 octobre 2021 (en anglais).

Certificat du bureau des affaires juridiques d'Interpol concernant la notice rouge de Toumso Abdourakhmanov, 24 novembre 2021 (en anglais).

Plainte du Gulf Centre for Human Rights contre Naser Al-Raisi, 18 janvier 2022.

Décision de la CCF concernant la diffusion d'Alexey Shkittin, 27 juin 2022 (en anglais).

Certificat du bureau des affaires juridiques d'Interpol concernant Alexey Shkittin, 22 juillet 2022 (en anglais).

Enregistrements

Conversations téléphoniques entre des agents de police et des fonctionnaires biélorusses, dont des extraits ont été diffusés par Bypol, Youtube, octobre 2021.

Documents officiels publics (Interpol)

Constitution d'Interpol.

Comptes-rendus, discours et résolutions d'assemblée générale d'Interpol.

Rapports annuels d'Interpol.

Documents financiers d'Interpol.

Communiqués de presse et site Internet d'Interpol.

Rapports annuels de la CCF.

Documents officiels publics (autres)

Procès-verbal du congrès de la Fifa, Budapest, 2012.

« Gemeinsam gegen das weltweite Verbrechen – Deutschland und Interpol bekräftigen den Willen zur engen Kooperation Interpol-Präsidentin Mireille Ballestrazzi zu Besuch im Bundeskriminalamt (BKA) », communiqué de presse du BKA, 30 avril 2013 (en allemand).

« Interpol-Generalversammlung in Cartagena de Indias/ Kolumbien », communiqué de presse du BKA, 24 octobre 2013 (en allemand).

« BKA-Vizepräsident Jürgen Stock kandidiert für das Amt des Generalsekretärs bei INTERPOL », communiqué de presse du BKA, 29 avril 2014 (en allemand).

« Nine FIFA Officials and Five Corporate Executives Indicted for Racketeering Conspiracy and Corruption », communiqué de presse du Département américain de la Justice, 27 mai 2015 (en anglais).

« Supreme Committee of the Judicial Electronic Systems Development : Reviews Ras Al Khaimah Public Prosecution Department Initiatives », communiqué de presse de l'émirat de Ras Al Khaimah, 24 mars 2018 (en anglais).

Registre du commerce du canton de Genève, extrait Internet de la « Fondation Interpol pour un monde plus sûr ».

Site Internet de l'association de policiers biélorusses Bypol (en anglais).

Site Internet du ministère de l'Intérieur des Émirats arabes unis (en anglais).

Site Internet du Bureau du contre-terrorisme de l'ONU (en anglais).

Rapports parlementaires, de gouvernements ou d'organisations internationales.

Conseil de l'Europe, Nils Muižnieks, « Les défenseurs des droits de l'homme au Bélarus ont besoin de soutien », 12 février 2013.

Parlement européen, communiqué de presse, « Cigarettes : les députés s'opposent au renouvellement des accords antitrafic avec l'industrie du tabac », 9 mars 2016.

Parlement européen, « MEPs call on Russia to stop illegitimate prosecution of Lithuanian judges », 28 novembre 2019 (en anglais).

Parlement du Royaume-Uni, Chambre des communes, Comité des affaires étrangères, « In the room : the UK's role in multilateral diplomacy », Premier rapport de la session 2021-22, 17 juin 2021 (en anglais).

Départements américains de la Justice et d'État, « Assessment of INTERPOL Member Country Abuse of INTERPOL Red Notices, Diffusions, and Other INTERPOL Communications for Political Motives and Other Unlawful Purposes », 2022 (en anglais).

Parlement européen, Commission des libertés civiles, de la justice et des affaires intérieures, Rasmus H. Wandall, « Ensuring the rights of EU citizens against politically motivated Red Notices », février 2022 (en anglais).

Parlement européen, Commission des libertés civiles, de la justice et des affaires intérieures, « Report on a European Parliament recommendation to the Council and the Commission on the negotiations for a cooperation agreement between the European Union and the International Criminal Police Organization (ICPO-Interpol) », juin 2022 (en anglais).

Jürgen Stock, « Remarks », devant la Commission des libertés civiles, de la justice et des affaires intérieures du Parlement européen, Bruxelles, 5 décembre 2022 (en anglais).

Haut-commissariat aux droits de l'Homme de l'ONU, « Bélarus : l'ONU dénonce des abus et une répression systématiques », 17 mars 2023.

Rapports et publications d'ONG, de fondations ou de cabinets d'avocats.

Human Rights Watch, « Torture Redux – The Revival of Physical Coercion during Interrogations in Bahrain », février 2010 (en anglais).

Human Rights Watch, « UAE : Cybercrimes Decree Attacks Free Speech », 28 novembre 2012 (en anglais).

Fair Trials International, « Strengthening respect for human rights, strengthening INTERPOL », novembre 2013 (en anglais).

Amnesty International, « There is no freedom here" – Silencing dissident in the United Arab Emirates », novembre 2014 (en anglais).

Fondation Carnegie pour la paix internationale, « Dubai's Role in Facilitating Corruption and Global Illicit Financial Flows », juillet 2020 (en anglais).

Human Rights Watch, « Émirats arabes unis : Persécution d'un défenseur des droits humains », 27 janvier 2021.

David Calvert-Smith, « Undue influence : The UAE and Interpol », avril 2021 (en anglais).

Human Rights Watch, « UAE : Tolerance Narrative a Sham », 1er octobre 2021 (en anglais).

Human Rights Watch, « UAE : Dissidents Labeled 'Terrorists' », 21 novembre 2021 (en anglais).

Stockholm Center for Freedom, « Turkey's abuse of Interpol : How Erdoğan Weaponized the International Criminal Police Organization for Transnational Répression », août 2021 (en anglais).

Safeguard Defenders, « No room to run – China's expanded mis(use) of Interpol since the rise of Xi Jinping », novembre 2021 (en anglais).

Safeguard Defenders, « Involuntary Returns – report exposes long-arm policing overseas », 18 janvier 2022 (en anglais).

Amnesty International, « Émirats arabes unis. Les dissidents détenus arbitrairement au-delà de leur peine de prison doivent être libérés sans attendre », 30 mai 2022.

Safeguard Defenders, « China expands system of extradition treaties », 25 janvier 2023 (en anglais).

Safeguard Defenders, « Italy's highest court denies China extradition », 2 mars 2023 (en anglais).

Textes de loi

Convention pour la prévention et la répression du crime de génocide de l'ONU, 1948.

« TRAP Act », Congrès américain, 2021 (en anglais).

Documents historiques

Premier congrès de police judiciaire internationale (Monaco, avril 1914), Actes du Congrès, publiés sous la direction de F. Larnaude et J.-A. Roux, Imprimerie et librairie générale de jurisprudence, Marchal et Billard, G. Godde, Successeur, 1926.

Oskar Dressler, « Die internationale kriminalpolizeiliche Kommission und ihr Werk », Berlin 1942, (en allemand).

Articles, mémoires et ouvrages de recherche

Dieter Schenk, « Auf dem rechten Auge blind. Die braunen Wurzeln des BKA », Cologne, Kiepenheuer & Witsch, 2001 (en allemand).

Mathieu Deflem, « The Logic of Nazification : The Case of the International Police Commission ('Interpol') », International Journal pf Comparative Sociology, 2002 (en anglais).

Mathieu Deflem, « Policing World Society : Historical Foundations of International Police Cooperation », Oxford University Press, 2002 (en anglais).

Thomas Feltes, « Frischer Wind und Aufbruch zu neuen Ufern ? Was gibt es Neues zum Thema Polizeiwissenschaft und Polizeiforschung ? », Die Kriminalpolizei, 2003 (en allemand).

Mathieu Deflem, « International Police Cooperation –History of. » Pp. 795-798 dans The Encyclopedia of Criminology, New York : Routledge, 2005 (en anglais).

Jens Jäger, « Verfolgung durch Verwaltung. Internationales Verbrechen und internationale Polizeikooperation1880-1933 », Constance, UVK Verlagsgesellschaft, 2006 (en allemand).

Annette Herz, Jürgen Stock, « Die Internationale Kirminalpolizeiliche Organisation (IKPO-Interpol) », Internationale Verbrechensbekämpfung, 2008 (en allemand).

Christophe Ramamonjy-Ratrimo, « Interpol à Lyon – Une collaboration inédite, un impact sur la ville, un avenir incertain », mémoire de séminaire, Institut d'études politiques de Lyon, 2010.

Imanuel Baumann, Herbert Reinke, Andrej Stephan, Patrick Wagner, « Schatten der Vergangenheit – Das BKA und seine Gründungsgeneration in der frühen Bundesrepublik », Cologne, 2012 (en allemand).

Citizen Lab (University of Toronto), « Keep Calm and (Don't) Enable Macros A New Threat Actor Targets UAE Dissidents », 29 mai 2016 (en anglais).

Citizen Lab (University of Toronto), « The Million Dollar Dissident NSO Group's iPhone Zero-Days used against a UAE Human Rights Defender », 24 août 2016 (en anglais).

Jürgen Stock, « Leading the international law enforcement learning community : INTERPOL's contribution to police development », Festschrift zum 20-jährigen Bestehen der Fachhochschule Polizei Sachsen-Anhalt : – Reflexion und Vision – Beiträge zur Entwicklung der Polizei, Verlag für Polizeiwissenschaft, 2017 (en allemand).

Ted Bromund, « Interpol Needs Improved Financial Transparency to Restore Its Integrity and Block Autocratic Manipulation », The Heritage Foundation, août 2022 (en anglais).

Articles et reportages des auteurs

« Interpol, die Lobby und das Geld », Die Zeit, 29 mai 2013 (en allemand).

« Interpol, l'argent et les lobbys », Lyon Capitale, juin 2013

« Comment l'industrie du tabac finance Interpol », Slate, 10 juin 2013.

« Erwünschte Nebenwirkung », Datum, 1er Juillet 2013 (en allemand).

« Quand Interpol flique Lyon Capitale » (avec Raphaël Ruffier-Fossoul), Lyon Capitale, 16 juillet 2013.

« Pharmamillionen für die internationale Polizeiarbeit », Woz, 18 juillet 2013 (en allemand).

« Interpol : prix Nobel malgré les conflits d'intérêts ? », Lyon Capitale, 26 juillet 2013.

« Comment Interpol et les cigarettiers tracent la route du tabac européen », La Cité, 27 septembre 2013.

« Interpol, police de l'industrie pharmaceutique », Mediapart, 27 septembre 2013.

« Wer hilft hier wem ? », Die Zeit, 10 octobre 2013 (en allemand).

« Interpol est mis en cause pour être financé par l'industrie du tabac », Mediapart, 28 octobre 2013.

« Vos révélations devraient être un Une du Washington Post », Lyon Capitale, octobre 2013.

« Interpol : vers un meilleur encadrement des fonds privés ? », Lyon Capitale, 10 janvier 2014.

« Un Allemand à la tête d'Interpol », Lyon Capitale, 19 juin 2014.

« Les notices rouges d'Interpol, arme de Vladimir Poutine contre ses opposants politiques », Slate, 24 octobre 2014.

« Comment l'industrie du tabac autorise la contrebande au Monténégro », Slate, 8 juillet 2015.

« Les milliards perdus du trafic de cigarettes », Slate, 13 juillet 2015.

« Les dessous sulfureux de la Fondation Interpol », Mediapart, 2 mars 2018.

« Après la Fifa, Interpol se fait financer par le Qatar et le CIO », Mediapart, 19 mars 2018.

« Wenn die Weltpolizei mit der Fifa dealt », Zeit Online, 20 mars 2018 (en allemand).

« Interpol, une police sous influence ? » (documentaire, avec Samuel Lajus et Mathieu Verboud), Cocottes minute productions, Arte, 20 mars 2018.

« Le député Dassault, cité dans les « Paradise Papers », rejoint la Fondation Interpol », Mediapart, 24 avril 2018

« Ségolène Royal rejoint la controversée Fondation Interpol », Mediapart, 27 août 2018.

« Le Qatar utilise une ONG pour espionner ses rivaux » (avec Antton Rouget), Mediapart, 25 novembre 2018.

« Un général accusé d'avoir couvert des actes de torture brigue la présidence d'Interpol », Mediacités, 10 novembre 2020.

« La Fondation Interpol et les paradis fiscaux », La Tribune de Genève, 18 décembre 2020.

« Qui contrôle la police mondiale ? » (BD, avec Darshan Fernando), Topo, mars-avril 2021.

« Interpol » (BD, avec Mathieu Rebière), Les rues de Lyon, avril 2021.

« Interpol : un rapport épingle l'influence croissante des Émirats arabes unis au sein de l'agence policière », Mediacités, 6 avril 2021.

« Un policier accusé de torture prend la tête d'Interpol », Mediapart, 25 novembre 2021.

« Coupe du monde 2022 : le Qatar, suspecté de corruption, continue de collaborer avec Interpol », Mediapart, 10 octobre 2022.

Articles de presse
Histoire

« Des procureurs d'Allemagne occidentale vont se rendre à Tel-Aviv pour recueillir des témoignages sur les complices d'Eichmann », Le Monde, 6 juin 1960.

« Un groupe de déportés espagnols revendique un attentat contre Interpol », Le Monde, 29 octobre 1976.

« Papers Show Hoover Had Contact With Nazis Before Pearl Harbor », The New York Times, 14 septembre 1977 (en anglais).

« Les fichiers de juifs (suite) », Le Monde, 9 mai 1981.

« Lyon s'apprête à accueillir le siège d'Interpol », Le Monde, 18 octobre 1984.

« Un commando d'Action directe attaque le siège d'Interpol, un policier blessé », Le Monde, 19 mai 1986.

« Le commando d'Action directe avait posé deux bombes au siège d'Interpol. Une cible symbole », Le Monde, 20 mai 1986.

« Quarante-cinq ans après la «solution finale», nouveau mandat d'arrêt international contre Alois Brunner, ancien adjoint d'Eichmann », Le Monde, 21 janvier 1987.

« L'inauguration du nouveau siège d'Interpol à Lyon – M. Mitterrand appelle à un «sursaut collectif» dans la lutte contre les trafiquants de drogue », Le Monde, 29 novembre 1989.

« Mladic arrêté : un «triomphe» (Interpol) », AFP, 26 mai 2011.

« Le nazi de Damas », revue XXI, janvier 2017.

« Wie der gefürchtete Nazi Reinhard Heydrich Präsident von Interpol wurde », Der Spiegel, 9 février 2022 (en allemand).

« Quellenschutz für NS-Schergen », Taz, 30 juin 2023 (en allemand).

Industrie du tabac

« Tobacco Underground », ICIJ, 2008-2009 (en anglais).

« St. Nikola Island Front for Cigarette Smuggling », OCCRP, 11 avril 2014 (en anglais).

« The Philip Morris Files », Reuters, 13 juillet 2017 (en anglais).

Industrie pharmaceutique

« Jacques Franquet, le premier flic de France », Libération, 24 décembre 1994.

« German Velasquez, l'empêcheur de breveter en rond », Libération, 12 novembre 2001.

« Les pilules passent mal vers les pays pauvres », De Volskrant, 19 juin 2009 (traduit en français sur le site Voxeurop).

Intégrité dans le sport

« Querelle de famille à la Fédération internationale de football », Le Monde, 23 avril 2002.

« World Cup votes for sale », The Sunday Times, 17 octobre 2010 (en anglais).

« Fifa : Joseph Blatter réélu malgré la tempête », Le Monde, 1er juin 2011.

« Paris sportifs, par ici les mafias », Libération, 4 février 2013.

« Pourquoi la tenue de la Coupe du monde au Qatar fait-elle polémique ? », Le Monde avec AFP, 16 mai 2014.

« Fifa officials face corruption charges in us », The New York Times, 26 mai 2015 (en anglais).

« How Interpol got into bed with FIFA », Politico, 3 juin 2015 (en anglais).

« Interpol severs ties with FIFA », Politico, 12 juin 2015 (en anglais).

« Interpol und Fifa – Ende einer merkwürdigen Beziehung », Sueddeutsche Zeitung, 12 juin 2015 (en allemand).

« Interpol to give back (some) tainted FIFA money », Politico, 14 juin 2015 (en anglais).

« Fifa : 40 ans d'impunité », Secrets d'info, France Inter, 26 février 2016.

« French police widen corruption investigation to 2016 and 2020 Olympic bids », The Guardian, 1er mars 2016 (en anglais).

« U.S. Says FIFA Officials Were Bribed to Award World Cups to Russia and Qatar », The New York Times, 6 avril 2020.

Ronald Noble

« Ex-u.s. Attorney In Phila. Will Head Interpol », Philadelphia Inquirer, 3 juillet 1999 (en anglais).

« Ronald Noble : The New Man From Interpol Brings a '90s Touch to Global Crime Fighting », Los Angeles Times, 12 septembre 1999 (en anglais).

« Our man in Lyon », Stanford Law Review, été 2002 (en anglais).

« Ronald K. Noble, flic du monde », Le Monde, 10 mars 2008.

« In Search for F.B.I. director, Administration Seeks a Shared Philosophy », The New York Times, 30 avril 2011 (en anglais).

Notices rouges

« Interpol's Red Notices used by some to pursue political dissenters, opponents », ICIJ, 16 mars 2012 (en anglais).

« Lalit Modi To NDTV : 'I Was Born With Diamond Spoon In My Mouth' », NDTV, 31 mars 2017 (en anglais).

« La Turquie ne doit pas «abuser» d'Interpol (Merkel) », AFP, 20 août 2017.

« Australian refugee football player faces deportation after arrest in Thailand », The Guardian, 29 novembre 2018 » (en anglais).

« La Turquie demande à Interpol de faire arrêter Enes Kanter », AFP, 15 janvier 2019.

« Rocco Morabito, l'insaisissable roi de la cocaïne », Le Monde, 27 juillet 2020.

« Interpol rejects Turkey's 773 red notice requests on FETÖ : Official », Hürriyet Daily News, 5 juin 2021 (en anglais).

« Selahaddin Gülen, le neveu de l'opposant au président Erdogan Fethullah Gülen, enlevé au Kenya par la Turquie », France Info, 9 juin 2021.

« Has Interpol become the long arm of oppressive regimes ? », The Guardian, 17 octobre 2021 (en anglais).

« Turkey accused of using Interpol summit to crack down on critics », The Guardian, 25 novembre 2021 (en anglais).

« Un neveu du prédicateur Gülen condamné pour «terrorisme» », AFP, 22 mars 2022.

« Rocco Morabito : Fugitive mobster handed over to Italy », BBC, 6 juillet 2022 (en anglais).

Russie

« I'd prefer to die in Poland" : Chechnya's most famous YouTuber in exile faces deportation to Russia », Open Democracy, 5 novembre 2018 (en anglais).

« How a RuNet pioneer found himself under criminal investigation and in the Kremlin's crosshairs », Meduza, 31 décembre 2019 (en anglais).

« Interpol lève la notice rouge visant un ancien directeur d'Alliance française qui a fui la Russie », AFP, 18 août 2020

« Deux Russes condamnés pour la tentative de meurtre d'un blogueur tchétchène », AFP, 11 janvier 2021.

« Prominent Chechen Blogger, Kadyrov Critic Reported Killed », Radio Free Europe, 7 décembre 2022 (en anglais).

Articles en russe du média Radio Free Europe.

Biélorussie

« Ten foreign terrorists caught in transit in Belarus in 2018 », Belta, 26 octobre 2018 (en anglais).

« Belarus shares anti-corruption, anti-money laundering experience in Prague », Belta, 11 septembre 2020 (en anglais).

« Belarus' Investigative Committee chief : Russia's Investigative Committee is our main partner », Belta, 26 octobre 2020 (en anglais).

« Belarusian prosecution initiates international search for Pavel Latushko », Belta, 18 janvier 2021 (en anglais).

« Poland urges Interpol to introduce additional verification of warrants from Belarus and Russia », Belsat, 16 septembre 2021 (en anglais).

« Alexander Azarov, maître-espion de la dissidence biélorusse en exil », Intelligence Online, 11 novembre 2022.

« Le lobbying de la dissidence biélorusse sur la sellette dans les coulisses du Conseil de l'Europe », Intelligence Online, 31 janvier 2023.

Articles en russe de médias biélorusses The Village, Vot Tak, Belsat, Nasha Niva, Belarus 1, et du média azerbaïdjanais Zerkalo.

Chine

« Interpol's list of most-wanted Chinese fugitives shows corruption of families », China Daily, 24 avril 2015 (en anglais).

« Interpol to help promote security along Belt & Road », Xinhua, 14 mai 2017 (en anglais).

« China upset as Interpol removes wanted alert for exiled Uighur leader », Reuters, 24 février 2018 (en anglais).

« Le president d'Interpol porté disparu », Europe 1, 5 octobre 2018.

« Wife says missing Interpol chief sent knife emoji as danger signal », Associated Press, 7 octobre 2018 (en anglais)

« Interpol Chief Meng Hongwei Quits and Is Detained by China », The New York Times, 7 octobre 2018 (en anglais).

« Meng Hongwei : le polar chinois d'Interpol », Libération, 17 janvier 2019.

« Les coulisses de la disparition du président d'Interpol, Meng Hongwei », France Inter, 19 janvier 2019.

« Former senior public security official expelled from CPC, office », Xinhua, 27 mars 2019 (en anglais).

« Wife of missing ex-Interpol chief says arrest in China politically motivated », Reuters, 28 mars 2019 (en anglais).

« China Installed Its Top Cop to Steer Interpol. Then He Disappeared », The Wall Street Journal, 26 avril 2019 (en anglais).

« 'Fox Hunt' film launched in Beijing », China.org.cn, 28 mai 2019 (en anglais).

« Tony Leung to Star in Shanghai Film Group's 'Fox Hunt' Police Action Film », Variety, 16 juin 2019 (en anglais).

« L'ex-patron chinois d'Interpol plaide coupable », Le Figaro, 20 juin 2019.

« Treize ans de prison pour l'ancien président chinois d'Interpol », Le Monde, 22 janvier 2020.

« Meng Hongwei, l'énigme chinoise d'Interpol », Le Monde, 5 mars 2020.

« Arrêté au Maroc, un militant ouïghour craint d'être expulsé vers la Chine », Mediapart, 26 octobre 2021.

« Interpol ne doit pas être le vecteur de la répression chinoise » : l'appel de parlementaires du monde entier », Libération, 14 novembre 2021.

« The AP Interview : Meng Hongwei's wife slams 'monster' China », Associated Press, 18 novembre 2021 (en anglais).

« Chine : l'épouse de l'ex-patron d'Interpol visée par la justice », AFP, 14 décembre 2021.

« How China is using black sites in the UAE as they target Uyghurs abroad », Sky News, 9 février 2022 (en anglais).

« China using illegal police bases in Netherlands to target dissidents, say reports », The Guardian, 26 octobre 2022 (en anglais).

« Europe cracks down on China's abuse of extradition », Coda Story, 23 mars 2023 (en anglais).

« F.B.I. Arrests Two on Charges Tied to Chinese Police Outpost in New York », The New York Times, 17 avril 2023 (en anglais).

Articles en chinois de China Daily

Fondation Interpol

« SwissLeaks en Afrique : des diamantaires en fuite », Le Monde, 13 février 2015.

« Le patron de HSBC écarté de la fondation genevoise d'Interpol », RTS, 23 février 2015.

« Revealed : Swiss account secret of HSBC chief Stuart Gulliver », The Guardian, 23 février 2015 (en anglais).

« Paradise papers » : comment Dassault participe au système de fraude à la TVA sur les jets privés à l'île de Man », Le Monde, 7 novembre 2017.

Émirats arabes unis

« TV executive faces jail in Dubai for barely visible cannabis speck », The Independent, 22 février 2008 (en anglais).

« À Abou Dhabi, 94 opposants traînés devant la justice », Le Monde, 4 mars 2013.

« Abu Dhabi accused of 'using Manchester City to launder image' », The Guardian, 30 juillet 2013 (en anglais).

« Émirats : une responsable de l'ONU dénonce tortures et manque de transparence », Le Point, 5 février 2014.

« Émirats : Un Britannique condamné à la prison à vie pour espionnage », Reuters, 21 novembre 2018.

« Matthew Hedges : UAE insight 'could have made him target' », The Guardian, 22 novembre 2018 (en anglais).

« UAE considers clemency appeal for Matthew Hedges », The Guardian, 23 novembre 2018 (en anglais).

« Alex Younger : MI6 chief 'perplexed' over Matthew Hedges case », BBC, 3 décembre 2018 (en anglais).

« 'I was sure I'd die' : UK football fan detained in UAE feared for his life », The Guardian, 15 février 2019 (en anglais).

« Robert Urwin returns home from Ukraine over bounced cheque », BBC, 9 décembre 2019 (en anglais).

« “MBZ”, le véritable homme fort du Golfe », Le Monde, 12 mai 2020.

« Exclusive : UAE police chief accused of presiding over torture of British academic running to be head of Interpol », The Daily Telegraph, 1er octobre 2020 (en anglais).

« Le calvaire d’Ahmed Mansour, dissident aux Émirats arabes unis », Le Monde, 2 février 2021.

« Interview avec le Major General Ahmed Nasser Al-Raisi : L’Afrique, au cœur du projet des Émirats pour Interpol », Dakar Times, 17 juillet 2021.

« General Inspector of UAE Ministry of Interior embarks on African tour, meets President of Senegal », Emirates News Agency, 20 juillet 2021 (en anglais).

« “Projet Pegasus” : de la répression domestique à l’espionnage géopolitique aux Émirats », Le Monde, 21 juillet 2021.

« UAE linked to listing of hundreds of UK phones in Pegasus project leak », The Guardian, 21 juillet 2021 (en anglais).

« Interpol, un partenaire précieux au Sahel », Jeune Afrique, 30 juillet 2021.

« Eviter le naufrage d’Interpol », Le Monde, 24 novembre 2021.

« Illegal’ extradition of Bahraini dissident from Serbia calls Interpol’s role into question », The Guardian, 16 février 2022 (en anglais).

« “Dubai Uncovered“ » : révélations sur l’immobilier de l’émirat, destination providentielle pour l’argent sale des oligarques et des criminels », Le Monde, 3 mai 2022.

« Dubaï, paradis immobilier pour l’argent sale du monde entier », Courrier International, 6 mai 2022.

« Radioscopie de la stratégie d’influence émiratie en France », Orient XXI, 4 octobre 2022.

« Dubaï Connection », L’Obs, 20 avril 2023.

Divers

« Inter-Potes », Le Canard enchaîné, 14 mars 2018.
« Interlope, Interpol ? », Télérama, 20 mars 2018.
« Les zones d'ombre d'Interpol », Le Monde, 20 mars 2018.
« 100 ans d'Interpol », Alibi, mars 2023.

Reportages et documentaires

Andrew Jennings, « The Beautiful Bung : Corruption and the World Cup », Panorama, BBC, 11 juin 2006 (en anglais).
Andrew Jennings, « Fifa's Dirty Secrets », Panorama, BBC, 29 novembre 2010 (en anglais).
« Interpol head : the criminals are winning », CNN, 18 juin 2014 (en anglais).
Tristan Waleckx, Guillaume Beaufils, Mikael Bozo, « La Russie et le «kompromat» : sexe, chantage et vidéo », Envoyé Spécial, France 2, 9 novembre 2017.
Miyuki Droz Aramaki, « MBZ, la face cachée des Emirats », France 5, 19 février 2023.

Bibliographie

Ladislas de Hoyos, *Barbie*, Robert Laffont, 1984.
Fenton Bresler, *Interpol,* Presses de la Cité, 1993.
Laurent Greilsamer, *Interpol, policiers sans frontières*, Fayard, 1997.
Ayerdhal, *Transparences*, Au Diable Vauvert, 2004.
Ayerdhal, *Résurgences,* Au Diable Vauvert, 2010.
Lionel Marty, Philippe Thirault, *Agence Interpol, Tome 1* - Mexico, La Muerte, Dupuis, 2012.
Thomas Kistner, *Fifa Mafia,* Droemer Knaur, 2012 (en allemand).

Brett Forrest, *The Big Fix – A True Story of the Search for the Match Fixers Bringing Down Football*, HarperSport, 2014 (en anglais).

Andrew Jennings, *Le scandale de la Fifa*, Seuil, 2015.

Heidi Blake, Jonathan Calvert, *L'Homme qui acheta une coupe du monde – Le complot qatari*, Hugo Sport, 2016.

Composé et édité par HarperCollins France.

Achevé d'imprimer en septembre 2023.

CPI

FIRMIN-DIDOT

à Mesnil-sur-l'Estrée (Eure)

Dépôt légal : octobre 2023.

Pour limiter l'empreinte environnementale de ses livres, HarperCollins France s'engage à n'utiliser que du papier fabriqué à partir de bois provenant de forêts gérées durablement et de manière responsable.

Imprimé en France